JN152468

Creative Neighborhoods

── 住環境が新しい社会をつくる

横浜国立大学大学院／
建築都市スクール“Y-GSA”編

誠文堂新光社

代官山ヒルサイドテラス 設計＝槇総合計画事務所［提供＝山道拓人］

キンタ・モンロイの集合住宅　設計＝エレメンタル［提供＝山道拓人］

ボワ・ル・プレートル高層住宅改修　設計＝ラカトン＆ヴァッサル［提供＝寺田真理子］

WOWアムステルダム［提供＝ケース・ファン・ラウフン］

Creative Neighborhoods：住環境が新しい社会をつくる

［Part 1］　都市のイニシアティブを考える
Initiative for Neighborhoods

［Part 2］　誰が都市にアクセスし、何を共有するのか
Commons for Neighborhoods

2014年2月22－23日　会場＝ヨコハマ創造都市センター

槇 文彦（建築家、槇総合計画事務所）／ケース・ファン・ラウフン（都市開発ディレクター、KEESVANRUYVEN/urbanism in Amsterdam）／平山洋介（住宅政策・都市計画、神戸大学大学院教授）／ドミニク・アルバ（建築家、APURディレクター）／斎藤麻人（都市社会学、横浜国立大学大学院教授）／山本理顕（建築家、山本理顕設計工場）／ディエゴ・トーレス（建築家、ELEMENTAL）／吉良森子（建築家、神戸芸術工科大学客員教授）／小嶋一浩（建築家、横浜国立大学大学院“Y-GSA”教授）／藤原徹平（建築家、横浜国立大学大学院“Y-GSA”准教授）／山道拓人（建築家、ツバメアーキテクツ）／鈴木亮平（アーバン・デザイナー、urban design partners balloon）／辻 琢磨（建築家、403architecture[dajiba]）／連 勇太朗（建築家、モクチン企画）／池島祥文（地域経済学、横浜国立大学大学院准教授）／ジャン＝フィリップ・ヴァッサル（建築家、Lacaton & Vassal）／塚本由晴（建築家、東京工業大学准教授）／大月敏雄（建築計画学、東京大学大学院教授）／北山 恒（建築家、横浜国立大学大学院”Y-GSA”教授）

Creative Neighborhoods 2

都市のインフォーマリティ：変容する社会における住環境の実践
Urban Informality for Societies in Transformation

2015年3月24日　会場＝ヨコハマ創造都市センター

北山 恒／塚本由晴／小嶋一浩／藤原徹平／ロドリゴ・ペレス・デ・アルセ（建築家、PUC教授）／レオナルド・ストライヒ（建築家、スイス連邦工科大学MAS Urban Designディレクター）／ディエゴ・グラス（建築家、Plan Común）／乾 久美子（建築家、東京藝術大学大学院准教授）／ライナー・ヘール（建築家、MAS Urban Designシニア・リサーチャー）／萬代基介（建築家、萬代基介建築設計事務所）

※以上の肩書きは、シンポジウム開催当時のもの。

目次

Chapter 1: Initiative for Neighborhoods

Chapter 2: Commons for Neighborhoods

Chapter 3: Informality for Neighborhoods

住まいがつくる新しいつながり、
つながりからつくる新しい住まい

寺田真理子

[Mariko Terada]キュレーター、横浜国立大学先端科学高等研究院准教授。「次世代居住都市」研究ユニット共同研究者。1990年日本女子大学家政学部住居学科卒業後、鹿島出版会SD編集部に勤務。1999〜2000年オランダ建築博物館[NAi]にてアシスタント・キュレーター。"Towards Totalscape"展の企画・運営。2007年〜横浜国立大学大学院"Y-GSA"スタジオ・マネージャー。2014年〜現職。

日本が抱える社会的課題・社会リスクを考える

21世紀に入り、2011年の東日本大震災による甚大な災害、また人口の減少や高齢化の進展による空き家の増加といった様々な社会課題に直面した日本では、20世紀につくられた居住に関わる社会システムが機能不全にあることが浮き彫りになってきている。とくに住環境については、経済状況、政府の役割である住宅政策、さらに地縁に基づくこれまでのコミュニティのあり方などが大きく変化しており、その再検討は喫緊の課題と言える。社会構造の転換期を迎えている日本において、建築家の役割はどこにあるのだろうか。私たちは、近代化の過程で地域社会における人、モノ、空間の関係性が希薄化してしまっている状況を「高次元の社会リスク」と捉え、それに対応した居住環境のヴィジョンを示すことに建築家の役割があると考えている。以上のような問題意識をもとに、横浜国立大学先端科学高等研究院「次世代居住都市」研究ユニットでは、居住モデルを構築して社会実践を試みるための研究を進めている。

Creative Neighborhoodsとは何か？
——3つの問いかけ

本書は、「次世代居住」のあり方を世界的な視野から考えるために、横浜国立大学大学院／建築都市スクール“Y-GSA”と「次世代居住都市研究」ユニットが2014、2015年に行ったシンポジウムの内容を編集してまとめたものである。

私たちはここで、住人自らがまちをつくりあげていくための仕組みやプロセスを探るための問題設定として、“Creative Neighborhoods”（創造的な地域社会・空間）を主題に掲げた。この主題で重要な点は、身近な環境の単位として「ネイバーフッズ」に着目していることである。住人やユーザーが、身近な場において自発的に活動や空間に関わり、人と人、人とモノ、そして場と地域がつながることで、創造的な住環境をつくり出す可能性があるのではないかと考えた。SNSなどの普及によって多くの人が情報空間を介して社会とのつながりを求める時代に、Creative Neighborhoodsのアプローチは、地域における希薄化した様々なつながりを再生するのではないかと考える。私たちは、そのための空間的なアプローチと、つながりを構築するための新たな仕組みを提示する必要がある。この考えを深めるため、シンポジウムでの議論に際し、私たちは以下の3つの問いを立てた。

“Initiative”（イニシアティブ）：都市のプレイヤーとは誰なのか？
“Commons”（コモンズ）：誰が都市にアクセスし、何を共有するのか？
“Informality”（インフォーマリティ）：住民の自発性、創造性をどのように取り込んでいくのか？

シンポジウムには、チリ、オランダ、フランス、ブラジルにおける「居住」の問題に携わる建築家や都市計画家、行政関係者を招聘し、ソーシャル・ミックスのプログラムを取り入れ、社会のバランスを図るトップダウン型のまちづくりの事例と比較しながら、住民参加型、ボトムアップ型のイニシアティブによる先進的な事例をもとに、これからの住環境や、それを支える制度や仕組み、まちづくりのプロセスについて議論を重ねた。紙幅に限りのある本書では、残念ながらこの議論の内容すべてを掲載することはできなかった。しかし、本書に掲載した論考からだけでも、地域社会・空間は計画者や権力者の計画ではなく、住民や地域に関わる人たち自らの手で変え得るのだという、「イニシアティブ」に対する新たな価値観、あるいは近代社会が排除してきた「コモンズ」や「インフォーマリティ」が育まれる空間の創出の試みが、世界中で同時多発的に生まれていることが十分に理解できるはずだ。

こうした状況の中で、社会から期待される建築家の役割は変化している。建築家はこれまで以上に、社会や地域との関わりから建築を考える必要に迫られている。そして建築は、各地域の様々な「資源」を活かし、人びとがそれに新しいかたちで関われる場を創出する役割が求められている。しかし、住民の要求を見極めるだけでは不十分である。地域が生き長らえるために継承すべきものを見定める歴史的な観点や、コミュニティ本来のあり方などを整理しながら、建築家は課題に応えつつ、さらに人とモノ、周辺環境との新たな関係性を生み出すような建築や空間、そしてそのための仕組みを構想し、デザインしなければならない。建築や空間に表現される、地域・社会への問いとその回答としての新しい価値観こそが、これからの社会へのメッセージとなる。それが次世代の居住環境、つまりCreative Neighborhoodsを生み出す鍵になると考える。

また、本書では、「イニシアティブ」「コモンズ」「インフォーマリティ」という3つの問いをさらに掘り下げて、24のキーワードを抽出した。これらのキーワードを通じて、本書の議論の前提となる基本的概念や問題意識を共有していただければと思う。

「小さな矢印の群れ」から考える——人と地域を耕し、更新すること

「次世代居住都市」研究ユニットのユニット長であり、その研究課題を教育で実践するY-GSAの校長であった故・小嶋一浩氏は、「小さな矢印の群れ」という概念を提唱した。私たちは、この概念にCreative Neighborhoodsを構築するためのヒントがあると考える。氏によれば、21世紀の現在においては、計画やマスタープランをもとに「大きな矢印」として開発を行う20世紀的思考を離れて、人びとのアクティビティや経済的要素など、個別の場所に流れるものの可能性すべてを「小さな矢印」として受け容れ、それによって空間を“Cultivate”(耕作)し続けることが重要である。Creative Neighborhoodsを生み出すプロセスにおいても、「小さな矢印」によって「耕し続けること」という意識はきわめて重要だろう。創造的な地域社会のためには、その地域の主役である住人たちが「イニシアティブ」を取り、彼らが自発的に「コモンズ」を形成することによって自由を獲得していくことが求められる。そのためには社会に「インフォーマリティ」の余地が常に確保されていなければならない。そうした空間で生き生きとふるまえるように、建築家は既存の制度を問い直し続け、小さな矢印となってまちの内側から自治体などに働きかけ続けることで、その土壌を耕していく必要があるのだ。

「耕す」ということについては、社会学者の吉見俊哉氏もその重要性を指摘している。曰く、文化の語源である「カルチャー」とは本質的には「人を耕す」「地域を耕す」という意味があり、さらにその生成のプロセスこそが重要であるという。

地域に住む人びとが、こうした「地域の『文化』を耕す」という共有意識をもち、その生成のプロセスに参加することができれば、人と人、そして地域はつながり、地域の価値やアイデンティティを創出し、やがて

街への愛着も生まれていくだろう。そしてそれらが次世代に引き継がれることで歴史が育まれていく。「小さな矢印」でもある個々の力が社会を変えるエンジンになるのである。その際に重要となるのは、本書でディエゴ・トーレス氏が述べているように、「参加型デザインとは、何が問題となっているのか、正しい問いを見極める」（P.47）といった姿勢ではないだろうか。あるいは槇文彦氏はこのように述べている。「『ネイバーフッド』とは、人びとが自ら動き、周りの環境を良くしていく姿勢が大事である」（P.34）。このような姿勢こそ、Creative Neighborhoodsの骨格である。

シンポジウムを終えたあとも、私たちは現・研究ユニット長である乾久美子氏とともに、人びとが時間、活動、知識、モノを共有し、関係性を育んでいく場である“Spaces of Commoning”（共有される空間）の理論的研究、そして実践的枠組みである“Cooperative”（協同・組合）による、ボトムアップ型のまちづくりの実践に取り組んでいる。

時代を経ても人びとが誇りと愛着をもって暮らしていける豊かな居住環境を目指して、Creative Neighborhoodsという、「次世代居住」のヴィジョンを耕し続けていく。

参考文献
『小さな矢印の群れ――「ミース・モデル」を超えて』小嶋一浩著（TOTO出版、2013年）
『チッタ・ウニカ―文化を仕掛ける都市ヴェネツィアに学ぶ』横浜国立大学大学院／建築都市スクール“Y-GSA”編（鹿島出版会、2014年）

補記：“Creative Neighborhoods”という言葉は、オランダの建築家Kees Christiaanse氏との対話から始まり、その後、山道拓人氏、辻琢磨氏、連勇太朗氏とともに私たちの研究対象の概念として立ち上げたものである。「イニシアティブ」「コモンズ」「インフォーマリティ」という3つの問い、そしてそれをめぐる24のキーワードも、彼らとの議論によって抽出されたものである。また、シンポジウムに登壇いただきながら本書に収録できなかったパネリストの方々との議論からも、今後の日本の居住環境をどのようにつくっていくかを考える上での重要なヒントをもらった。そのヒントのすべては私たちのさらなる研究につながっている。シンポジウムの企画、そして本書を制作するにあたり協力してくださったチリのディエゴ・グラス氏、オランダの吉良森子氏、フランスの杉貴子氏、そして安養寺朋子氏に、そしてY-GSAという環境でCreative Neighborhoodsという概念を探る研究を支えてくださったY-GSA二代目校長の北山恒氏、そして三代目校長であった故・小嶋一浩氏に、この場を借りて御礼申し上げる次第である。

Chapter 1

イニシアティブ

Initiative for Neighborhoods

[Takuto Sando] 建築家、ツバメアーキテクツ共同主宰、東京工業大学博士課程在籍。1986年東京都生まれ。東京工業大学大学院修士課程修了後、2011年ツクルバ勤務。2012年ELEMENTAL勤務。2013年千葉元生、西川日満里とツバメアーキテクツ設立(2016年より石榑督和が参画)。現在東京理科大学非常勤講師。主な作品:「荻窪家族プロジェクト」「阿蘇草原情報館」「居場所をつくるまるとしかく」「蔀戸の家」など。

「イニシアティブ」をめぐる8のキーワード｜山道拓人

1. 住民参加　2. エンパワーメント

3. 少しずつ、段階的に　4. リスケーリング

5. 対話のプラットフォーム　6. 社会投資としてのハウジング

7. 社会構築としての対話のプロセス

8. 関わりを生む時間と空間の余白

今、都市空間や建築におけるイニシアティブ（主導権）はどこにあるのか。戦後の日本には復興や経済成長という命題があり、国や民間ディベロッパーによるトップダウンとも言える巨大な「計画」が先行することで、インフラがすみずみまで行きわたる国土が形成された。こうしたイニシアティブの取り方は、たしかに短期間で日本を先進国にまで押し上げる成果をあげた。しかし人口減少や高齢化、産業構造の変化、GDP成長率の低下に特徴づけられる今日では、こうした方法は見直されるべきだろう。例えば、限られた主体のイニシアティブによって推し進められた「新国立競技場」にまつわる一連の騒動を見てみても、その見直しの必要性は明らかなはずだ。実際、地方都市に目を向ければ、住民参加型のまちづくりが一定の成果をあげつつある。地球の裏側の発展途上国のスラムでも、住民とともにイニシアティブのあり方を再考するプロジェクトが生まれている。イニシアティブを考えることそれ自体が、世界中の建築家が建築的思考を展開する新しいフィールドになっているのである。

1/8

住民参加
Participatory Design

産業革命後、都市への急速な人口流入によってスラムが生じたオランダでは、1901年に政府が建物のスペックを規定する「住宅法」を策定したが、結果的に無味乾燥としたソーシャル・ハウジングを生み出すことになり、犯罪の起こりやすいエリアが形成されてしまった。しかし1960～70年代には学生運動と市民運動の影響から、行政は都市計画を進める上で住民のコンセンサスを得ることの重要性を自覚するようになった。建築家も、住民と対話しながらヒューマンスケールの建築を設計するようになっていっており、1990年代には住民参加の仕組みが法的に整備され、基本設計段階での住民説明が一般的になった。こうしてオランダでは市民の主張がよく反映される都市計画の事例が多くなった。住民参加の歴史とは、住民が都市におけるイニシアティブに対する意識を高めていく歴史である。都市更新のプロセスの再考が求められている日本は、オランダの都市計画の歴史に学ぶところが大きいはずだ。

住民と共に進めるハウジング・プロジェクト［提供＝吉良森子］

Paulo Freire "Pedagogy of the Oppressed"
(Bloomsbury Academic, 2014)

21

エンパワーメント
Empowerment

専門家が一方的に都市や建築を構想することの限界は、20世紀を通じて明らかになった。これからの住環境は、各個人がもつスキルを集合させながら、創造的な協働の中でつくられていくだろう。しかし、単なる合意形成や住民参加にとどまらない本質的な「協働のかたち」は、どのように実現可能だろうか。ブラジルの思想家パウロ・フレイレは、貧しい村民が自らの暮らしや環境を変革する能力を獲得するために識字教育を試みた。そして「教師－生徒」という固定化した関係による詰め込み型教育は、学習者が抑圧されている状況そのものを相対化する能力を奪うと批判し、一方的に教えるのではなく、ともに考える「対話」の重要性を主張した。フレイレによれば、人々は「対話」を通じて制度による生活の抑圧をはじめて意識化することができ、その意識化を経たあとの能動的な社会的参加によって社会は変革し得る。このプロセスをフレイレは「エンパワーメント（権限付与）」と呼んだ。このようなエンパワーメントを促す「対話」を戦略的に仕掛けていく専門家が現在求められている。

代官山の街並みと「代官山ヒルサイドテラス」［提供＝山道拓人］

少しずつ、段階的に　Little by little

槇文彦による「代官山ヒルサイドテラス」（1969-92）は集合住宅や店舗、オフィスなどからなる複合施設だが、施主の朝倉不動産と協働しながら、約30年かけて、少しずつ段階的につくられてきた点に大きな特徴がある。「ヒルサイドテラス」は、人々が通過したり留まったりできる隙間を含みながら直方体のボリュームが集合するグループフォーム（群造形）として構成されつつ、それぞれの建築がプロジェクトの時期ごとに異なる意匠や材料でつくられており、目的の異なるさまざまな人々が行き交うプログラム・ミックスを実現している。隣接する敷地にはよく似た構成を持つ「代官山T-SITE」（2010）が新たに建てられるなど、「ヒルサイドテラス」が発信源となることで、代官山という地域全体に多様なアクティビティやリズムが生まれることを誘発し、活気あるコミュニティが多世代にわたって継承される都市空間がつくり出されている。

リスケーリング　Rescaling

「国家」を前提に政府主導でつくられた近代的な社会システムは、高度経済成長期における道路網・鉄道網の整備、1980年代以降における急速なグローバル化を経て構築されたが、現在ではリスケーリング（規模の再編）という視点からその更新が求められている。少子高齢化の進む日本においては、ことさらその必要性が高まっていると言えるだろう。リスケーリングによる社会システムの更新方法には、例えば、企業に市民権を与える、NGOに都市再開発の権限を与える、公共住宅を個人に払い下げるといった「行政システムのコンパクト化」が挙げられる。とくに地方都市では、財政を圧迫する公共施設の維持管理や空き家の問題など、行政サービスの再編が急務であり、各地域にふさわしいスケールでの運営の練りなおしが喫緊の課題となっている。このように、様々な場面での適正を探る「リスケーリング」の検討が、持続可能な社会へ転換する上で重要な鍵となるのではないだろうか。

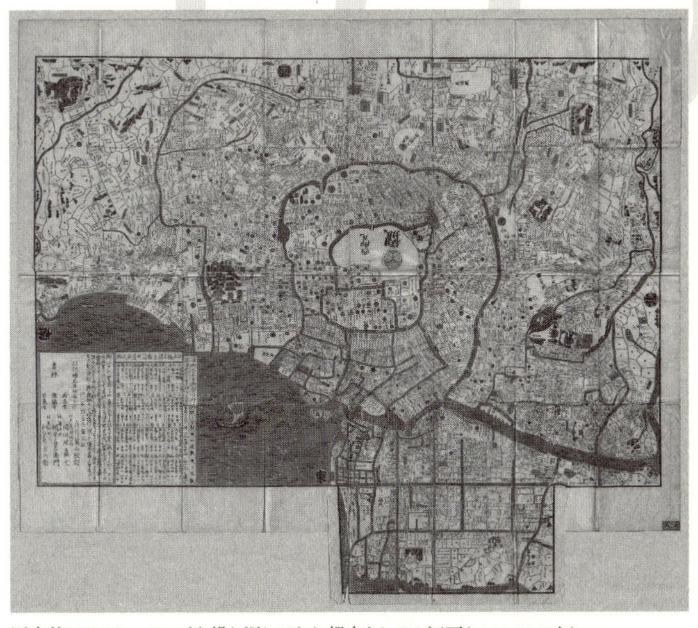

歴史的にリスケーリングを繰り返してきた都市としての江戸（1844-1848年）

対話のプラットフォーム
Platform for Dialogue

アトリエ・ワンの「北本駅西口駅前広場改修工事」(2012)は、30年前に整備された駅前広場の改修を通じてその活性化を図るプロジェクトだ。市民・行政・専門家の関係を考える上で興味深い。「北本」では、行政と地域住民、そして設計者であるアトリエ・ワンをつなぐプロジェクト・マネージャーという役割が設定されたことは特徴的である。デザインや管理について議論する「つくる会議」と、具体的に誰がどのように広場を使うのかを話し合う「つかう会議」を開催することで、市民グループに広場の利用方法を直接聞いたり、計画の実現性を検証するためのイベントなどが行われた。通常の建築では市民・行政・専門家の立場がはっきりと分離されがちだが、「北本」では、プロジェクトを進行させる環境を整備することで、関わる人々が立場を超えてスキルや知識を交わし合うことに成功している。こうして形成された対話のプラットフォームは、改修工事完了後も、現地のNPOなどに引き継がれている。

5/8

アトリエ・ワン「北本駅西口駅前広場改修工事」(2012)［提供＝アトリエ・ワン］

エレメンタル「キンタ・モンロイの集合住宅」(2004)［提供＝山道拓人］

社会投資としてのハウジング
Housing as Social Investment

チリのELEMENTAL(エレメンタル)は、建築家だけでなく、教育機関や石油会社、理論家など、都市の問題を能動的に解決するための多様な職能が集まった「DO Tank」として構想された設計チームであった。彼らの代表作に「キンタ・モンロイの集合住宅」(2004)がある。スラムエリアを改善する際に、住民を追い出さず、そのまま住み続けてもらうために計画されたソーシャル・ハウジングだが、予算が厳しかったことを逆手にとり、家の半分だけがコンクリートでつくられ、残り半分は住民がセルフビルドで拡張するための余白として残されている点が興味深い。これは住民の力を借りることで、イニシャルコストの倍のソーシャル・インパクトが導かれることを狙っており、時間が経過するとともに価値が下がっていく日本の不動産モデルとは大きく異なるものだ。資本主義のなかでも充分に機能しながら、住民とともに価値を向上させていく、社会投資としてのハウジングのモデルとなる可能性を持ったプロジェクトだと言えるだろう。

吉良森子「18戸の戸建住宅」(2006) ©Satoshi Asakawa

7/8

社会構築としての対話のプロセス
Proccess of Dialogue as Construction of Society

建築家・吉良森子によるオランダ・フローニンゲンの「18戸の戸建住宅」(2006)は、建築家が住民と協働で行政の都市計画局を説得しながら設計した建築である。ここで吉良は、チームを組んだ住民に個別の役割を与えた。つまり、建設に責任を持つグループ、デザインに責任を持つグループ、ファイナンスに責任を持つグループといった具合に、住民にイニシアティブを与えながらプロジェクトをまとめたのである。また、はじめに建築家が想定した設計内容は、住民との対話の中で、建物の階数から色彩まで多くの点で変更されている。こうして建築家が一方的に「決めない」ことが徹底された末に、住民の多様な価値観が投影された集合住宅がつくられた。このプロジェクトが示唆するのは、住まいが「サービス」として専門家から住民へ一方的に提供されるのではなく、イニシアティブを与えられた住民が自ら考え、住まいに対する認識や責任感がエンパワーメントされ、自然に連携していく「社会構築」だ。

関わりを生む時間と空間の余白
Surplus Time and Space that Invite Involvement

ツバメアーキテクツは、建築家・連健夫が設計した多世代型の集合住宅「荻窪家族プロジェクト」（2015）に対し、建築の工事中に居住者や利用者の声を集めるワークショップを行い、様々な配慮を統合した空間につくり変えて行く「事前リノベーション」を実施した。そして、このワークショップで集まった100以上の意見は、「落書き兼情報共有のための巨大な黒板」といったような自由度をもったエレメントとして10個程度に統合した。これらは、この建築に居住者以外の人々が居住以外の用途にも使えるような空間の「余白」をつくり出す。また、竣工前に人々が建築に関わる時間的な「余白」を設けたことで、竣工前からこの建築を熟知する人々や、たくさんの使い方のアイデアを生み出し、竣工するとすぐに活気溢れる公共的な雰囲気が形成された。場所への参加を促す時間的・空間的な「余白」をつくることは、これからの都市空間をつくるひとつの方法になるかもしれない。

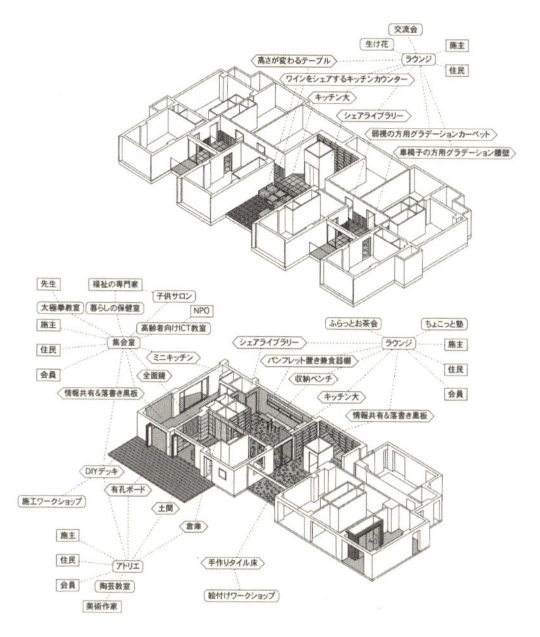

ツバメアーキテクツ「荻窪家族プロジェクト」（2015）［提供＝ツバメアーキテクツ］

街への愛着のために

槇 文彦

[Fumihiko Maki] 建築家、槇総合計画事務所代表。1928年東京都生まれ。1952年東京大学工学部建築学科卒業、1954年ハーバード大学デザイン学部修士修了。のちに両校で教鞭をとる。プリツカー賞、AIAゴールドメダル、高松宮殿下記念世界文化賞など受賞多数。主な作品:「代官山ヒルサイドテラス」「幕張メッセ」「風の丘葬斎場」「フォー・ワールド・センター」など。主な著書:『見えがくれする都市』『記憶の形象』『漂うモダニズム』など。

少しずつつくる

今日は、私たちが設計した「代官山ヒルサイドテラス」から学んだことを中心にお話したいと思います。ヒルサイドテラスがつくられたのは、米穀商と不動産を代々手がけていた朝倉家が所有する、恵比寿と渋谷に隣接する場所にある大きな土地でした。この土地が特徴的なのは、静かな住居地域でありながら、立派な道路が通っていた点です。

東京の都市計画では、道路が広ければその周辺は容積率を上げて商業などに活用しますし、逆に狭ければ、低層住居専用地域にして、建物は密度も高さも規制されます。ヒルサイドテラスの場所が非常にユニークであったのは、第1種住居専用地区として、高さは10mに厳しく規制され、容積率も150%に制限されながらも、22m幅の立派な道路が通っていたことでした。これはなぜかというと、朝倉家の先代が市会議員を務めていたときに、これからの東京は建物だけでなく道路もしっかりとせねばならないと考えて、自分の土地も一部進んで提供して拡張されたものです。こうして旧山手通りという住宅地としては例外的に広い道ができました。また、東京都知事になった美濃部亮吉さんはこのあたりに住んでおられて、この環境を好ましく思っていて、電信柱をなくす最初の候補にここを挙げられ、それが実現しています。ですから、この場所はやはり珍しい経緯で生まれたものなのです。建築家だけが努力して生まれたものでは決してなく、政治家やコミュニティの力によって形成された土地です。

fig.1 槇総合計画事務所「代官山ヒルサイドテラス」（1969–1992）の航空写真（上）と全体図（下）［提供＝槇総合計画事務所］

ヒルサイドテラスは第1期計画から第6期計画までありますfig.1。プロジェクトの始まった当時の朝倉家は、色んな場所を人に貸しており、資金も十分でなかったので、1969年に第1期、その5年後に第2期、さらに5年後に第3期…といった流れでつくられてきました。最後の第6期が完成したのは1992年なので、第1期から約25年が経っています。「スロー・アーキテクチャー」●1という言葉があれば、ヒルサイドテラスはそれに当てはまります。建築を少しずつ、ゆっくりつくっていくことには、色々なメリットがあったのではないかと思います。

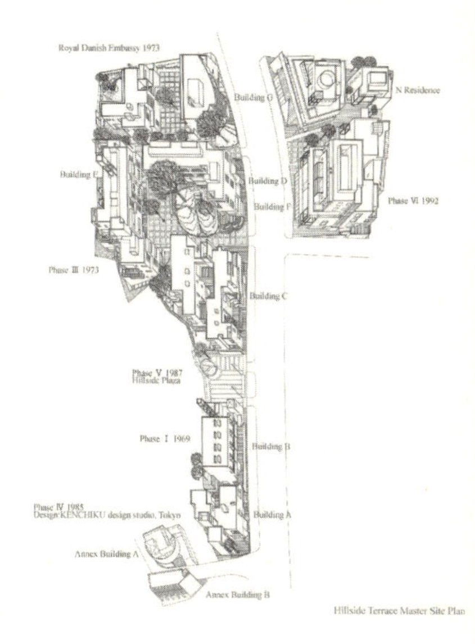

●1 1980年代半ば以降に注目されるようになった概念。周辺環境への考慮のもと、建築を時間をかけてつくっていく態度や方法を指す。

fig.2 旧山手通い沿いに建つ建物の高さのシミュレーション。通常であれば高層の建築が押し寄せてくる(左図)が、高さ10mに制限されている(右図)。[提供＝槇総合計画事務所]

変えるもの、変えないもの

このように時間をかけて建築をつくっていけば、その間に生活のスタイルも変わります。ヒルサイドテラスが進行中の1970年代から1990年代にかけて、東京は大きく変わっていきましたが、そういう変化のなかで、私と朝倉さんは色々なことを話し合いながらプロジェクトを進めていきました。「ネイバーフッド」をつくり出すためには、やはり建築家と施主の対話が非常に大事になります。建築家と施主の関係は夫婦と同じで、喧嘩をしながらも何とかうまくやっていかなければならない。対話を25年続けていくなかで、ヒルサイドテラスで「変えてもいいこと」と「変えてはいけないこと」を決めていきました。

「変えてはいけないこと」としては、まず旧山手通り沿いの建物高さを10mに統一することがあります。第1期の頃はそもそも10mの高さしか建物を建てられませんでしたが、中曽根政権時代に容積率が緩和された結果、第6期の頃には、より高くすることは可能でした。それでも、あえて軒の高さを同じ10mに揃えています。これによって異なる時期につくられた建築が街から見て統一感をもって現れるようにしました。通常、東京に22mの道

fig.3 「代官山ヒルサイドテラス・第1期」(1969)［提供＝槇総合計画事務所］

路があれば、街の風景は［fig.2(左図)］のようになり、両側に高い建物が押し寄せてきます。また、容積率の低い住宅地ということで、樹木が多く残っていたため、それも積極的に残すことにしました。当初は少し寂しい雰囲気があった場所ですが、だんだんと人気が増えていきました。一種の都市の成熟が生まれていったわけです。

さらに、パブリックスペースをつくることも継続して意識しました。民間の土地ではありますが、大きな道路に接する建築なので、誰が入ってきてもよいような雰囲気をつくろうとしています。

しかし、逆に建物の表情やハウスタイプは決して画一的にせず、むしろ時代を反映して変えていったほうがよいと考えました。最初の頃は資金に制約があり、建物の単価は比較的安く抑える必要がありましたが、しばらくすると東京全体の景気がよくなり、第6期ではアルミなどの建材も使えるようになっていきます。そうした時代の変化を象徴するような建物群にしたほうがいいだろうと考えて、建物のかたちや材料、住居ユニットのタイプなどは、非常に変化があるものができています。

例えば、第1期(1969年) fig.3 には、メゾネットタイプの住居が入っています。私がはじめてモダニズムの建築と遭遇したのは7歳の頃で、土浦亀城さんの自邸(1935年)なのですが、これがメゾネットの住宅でした。たまたま両親の友達が土浦さんのところに勤めていたこともあり、見学について行き、子供心にこのメゾネット形式がとても印象的だったんですね。第1期の設計は、そういった子どもの頃の記憶が反映されているのだと思います。

第2期(1973年)になると、朝倉家の住居を2階につくり、1階に中庭をつくっています。住居ユニットの平面はいわゆる普通のアパートに近い、数個のベッドルームがあるようなタイプです。さらに、第3期(1977年)の頃は、東京でもワンルームマンションが非常に増えてきた時期で、ヒルサイドテラスでも、おもに賃貸として利用できるワンルームタイプの住宅群をつくりました。第6期では大きなリビングルームと、最小限の水まわりやベッドルームという、仕事もできるようなソーホー・タイプが流行り始めていたので、そのようなプランニングも想定しています。また、第3期の敷地南側は崖地なので、それを利用して、大きなバルコニーのあるテラスハウス的なユニットもつくりました。東京は非常に複雑な地形をしているので、それに対応すれば同じ型の建物は建ちません。このように、時間の経過とともに、施主と相談しながら変化のあるデザインを手がけてきました。

第5期(1987年)は、ヒルサイドプラザという音楽や展示のできる空間です。第1期と第2期のあいだに位置していて、建物を地上には建てずに地下を使いました。そして第1期から20年が経った頃には、東京都に貸していた朝倉家の土地が戻ってくることになり、このときつくられた第6期(1992年)は、時代を反映して、ガラスとアルミの建物としています。ただし、材料は違うものでも、道路面では10mの軒線を維持しています。

パブリックスペースが異質なエレメントをつなぐ

ヒルサイドテラスのファサードを見てみると、第1期は塗装、第3期はタイル、それから第6期はアルミとガラスとなっているように、建物の表現は変化しています。非常にヘテロジニアスなエレメントです。しかし、重要なことは、そういった異質なエレメントをつなぐ、パブリックスペースのあり方です。車道沿いの歩道、そしてその後ろに展開する小さなパブリックスペースが環境をひとつのものにしている。ヒルサイドテラスでは、そういった空間が、ヘテロなユニットをつなげていく要素となっています。

1964年に発表した「Investigations in Collective Form」(『集合体の研究』)で、3つの集合体のタイプを出しました。つまり、独立した異なる建築(エレメント)が集合する「コンポジショナル・フォーム」、ホモジニアスなエレメントが集合する「グループ・フォーム」、そしてエレメントが大きな骨格のなかに従属的に集合する「メガ・フォーム」です。ただし、いずれのタイプにおいても大事なことはやはり個々のユニットを「つなげていく」という行為です。建築には、建物やユニット、空間形式など、ひとつのまとまりをつくり出すための様々なリンケージ、つまりつなぎ方があるのです。

ヒルサイドテラス第1期では、中に入ると別のところから出ることができ、そこにちょうど樹木もある、というようなシークエンスのあるパブリックスペースを考えています。天気がいいときなどは、木のある小さなオープンスペースにビストロやカフェが客席をエクステンションさせて、外で気持よく食事をしたりすることができるようにしました。第2期では、中庭の向こうには猿楽塚古墳と神社があったので、そこにあった樹木とともに大事にしながら、その周囲に建物を計画しています。建物に囲われた中庭の広場の周りにはショップを配置しているので、人々が入りやすいパブリックスペースとなっていると思います。

第6期になりますと、道路沿いの建物南側に広場をつくることができたので、様々な使い方が可能になってきます。ここでは、クリスマスには賛美歌を歌うとか、お祭りがあれば神楽が入ってきたりとか、色んな催し物が行われています。そういう比較的賑やかな場所になっています。木もできるだけ残して、その前にある歩道と連続

fig.4 「代官山ヒルサイドテラス・第6期」(1992)の広場 [提供=槇総合計画事務所]

的な空間にしています fig.4。ただし、パブリックスペースには常に賑わいが必要だということではありません。静かさもまた必要です。広場から通りを見ていると、非常に面白いのは、道行く人々の密度がここではだいたい一定なんですね。あまり多くの人は通らないけれど、誰も通らない道というわけでもない。このような空間がヒルサイドテラスの特徴なのかもしれません。

ヒルサイドテラスでは、密度が低いからこそこのようなパブリックスペースがたくさんつくれました。400〜500%の容積率の地域には、ほとんどこうしたオープンスペースは取れないでしょう。低密度の容積でつくられているため、屋外駐車場も、ここに住んでいる人たちにはだいたい十分なスペースです。そして、そうでありながらも、立派な道路が通っているので、様々なアクティビティがあらわれたときには、まったくここに関係のない人々に対しても開かれている。狭い路地にいくら立派な音楽ホールをつくっても、なかなか人は来ません。そういう意味で、道路は広くしつつ、しかし建物の容積率は上げない、ということは大事なのです。いまの東京都、あるいは一般的な自治体が街をつくるときの考え方とは違う考え方ですが、だからこそ、私たちは今後その重要性を主張していかなければならないと思います。とくに日本はこれから人口が減っていきますから、よほど特別なケースを除いて、幹線道路沿いとはいえ高密度にする必要はないのではないか。ヒルサイドテラスはそうしたことを教えてくれているのです。

パブリックスペースは室内にも室外にもあることが大事です。ヒルサイドテラスでは、人が自由に出たり入ったりできるように、いくつかのルートを用意していて、そのルートの選択ができるようになっています。そして、こうしたことは必ずしもヒルサイドテラスだけに当てはまるものではありません。住宅の設計でも、ただ入って出るだけではなく、ぐるっとまわって出てこれるというような平面構成は常に有効です。

どんな空間にも対応する基本的な原則というものはやはりあります。人間というものには空間に対する好き嫌いが共通して割とはっきりあるのだと思います。そういう原則的なことを、建築家は、経験を通じてできるかぎり学んでいかなければなりません。もちろん、我々建築家は、なにか創造的なことをすることも大事です。しかし、それとは別に、建築には原則的に「好ましいということ」が必要で、それが非常に大事なのだと知る必要があります。そのうえで、クリエイティブであればさらによく、私はそのことをヒルサイドテラスの経験から学んでいきました。

自ら動いて周りの環境をよくするネイバーフッドつくり

「グランド・ジャット島の日曜日の午後」という、新印象派の画家ジョルジュ・スーラの絵画があります。19世紀末〜20世紀初頭の華やかなパリで、プチ・ブルジョワたちが日曜を郊外でそれぞれ楽しんでいる情景のようですが、描かれている人物たちの視線をよくよく見てみると、みんな違うところに向けられています。おそらく、スーラは都市を人が群れる場所としてではなく、人々がそれぞれ勝手に孤独を楽しむ場所でもあると考え、こういう情景を描き出したのだと思います。

私の好きなニーチェの有名な言葉に「孤独は私の故郷である」がありますが、私は、パブリックスペースとは本来、そういう孤独を楽しむ場所でもあるべきだと思っています。デパートの片隅で楽しむのではなく、自分の好きな場所で、好きなスタイルで時間を過ごす。そういうことが大事なはずで、そういう場所を、建築家は都市のなかのパブリックな空間にもっとつくらなければならないと思います。

ヒルサイドテラスでは、そのような空間をつくることができたのではないかと思います。せっかくそうした場所ができたのですから、いいかたちで保持していかなければならない。私たち、ここを愛する人々の集まりは、周辺にあまりふさわしくない動きがあるときには、できるかぎり意見を言い合うことにしています。例えば、旧朝倉家住宅の保存は成功しました。旧朝倉家住宅は、ヒルサイドテラスの裏手にある、大正期に建てられた和風邸宅ですが、戦後に財産税のかたちで国に譲渡していたものの、財務状況の悪化から一般のディベロッパーに売り出されることになったのです。しかし、この住宅は非常に文化的に価値のあるものとして、建築史家の鈴木博之さんや陣内秀信さんらと協力して、2004年には重要文化財に指定され、保存されることになりました。その他には、隣地に蔦屋書店ができたときには樹木をできるだけ残すようにして欲しいと提言したり、超高層が近隣に建てられようとしたときにも反対をしたりしました。「ネイバーフッド」とは、このように、自分たちで実際に動いて、周りの環境をよくしていく姿勢が大事なのだと思います。

また、ヒルサイドテラスの第3期計画を考えていた頃に、施主とただショップやレストランがあるだけではつまらないのではないかという話をしました。商業施設だけでなく、もう少し文化的な施設を増やしていければと考えたのです。そして音楽ホールやギャラリー、ライブラリーといったものを設置して、ヒルサイドテラスを、小さいけれども文化の発信地となっていくように試みていきました。ギャラリーを見終わって出て

●2 1999年から2013年まで、二年に一度開催されたアートイベント。代官山の場所性を再発見する作品を公募し、街並みのなかに実際に展示した。審査員は槇のほかに川俣正や北川フラムなどが務めた。

くるとカフェがあるのでそこで休み、そのコーナーにあるライブラリーに立ち寄る。こういった文化施設を、朝倉不動産ではアウトソーシングすることなく、自分で管理するようにしました。そうすることで、環境の基本的な雰囲気を継続させていくことができていると思います。

いかにコミュニティを継続させるか?

普通、ディベロッパーというのは他所からやって来て、建物をつくって売ればそれでよい、という考え方をしがちです。ただ、朝倉さんの場合は幸いにもこの場所にずっと住んできて、これからも住んでいくという姿勢がありました。だから、周辺環境を良くしていきたいと考えるわけです。これはロンドンの場合もそうですね。ロンドンはもっとスケールの大きな地主たちが自分たちの土地を、次の50年、100年に対してどのように経営していくべきなのかとしっかり考えながら、街づくりをしてきました。それが、それぞれの都市がもつ異なる歴史を尊重しながら、それをぜひ保持していこうという姿勢に必然的に繋がっていきます。

「代官山インスタレーション」●2という、アーティストや、アートに興味のある人たちが、代官山という場所に対して何らかの提案をするというイベントが過去15年行われてきました。私は審査員の一人として参加していたのですが、なかでも傑作だったのは「代官山リビング」(2005)という、車道の分離帯に長いテーブルを設けるという作品でした。これはテンポラリーなものですが、例えば人々がここで仮面をつけながら宴会などをしたら、ヴェニスのフェスティバルのような光景が生まれるのではないかという人間の想像力を喚起させる作品でした。このように、地域ごとにある「場所性」のようなものをアートを通して明らかにしていくというような作業は、人々にその地域に対して親しみをもってもらうためのひとつの方法です。そのようにしてひとつのコミュニティが誕生していくと思います。

大事なことは、コミュニティというものが継続されうるのかどうかです。おそらく、これは今後の私たちにとって、とても大きな問題です。かつての地域社会では、家族が代々にわたって同じところに住み、同じ生業・仕事をしていくことで、コミュニティは自然と維持されてきました。ところが、現在は流動社会です。人も場所もどんどん変わっていきます。そうなると、次のジェネレーションが同じ場所で同じことをやってくれるのかあまり期待することができなくなります。幸いにして、ヒルサイドテラスの場合では、そこに住んでいる人たちや働いている人たちがコミュニティを継続していきたいと思い、そのために自分たちには何ができるのかと、色々な集まりで話し合っています。

時は都市と建築の調停者である

ウィリアム・リムの著書"Public Space in Urban Asia"(『アジアの都市における公共空間』)という本では、アジアの都市のさまざまなパブリックスペースが紹介されています。たとえば、中国の重慶にある、インフラ(高架)の下部におさまったアパートであるとか、台湾の台北にある、建物と建物のあいだに勝手に増築されたテラスであるとか。こうしたものは違法建築であるわけですが、非常に面白い。いまやアーバニズム、そして都市のパブリックスペースは、グローバルな世界のなかでは様々なかたちで存在し始めています。都市の中心にアゴラがあり、そこで政治家が議論をするといったギリシアの都市とは異なるパブリックのあり方があるのです。例えば、ギリシアの都市は小さいので、パブリックスペースは一か所に集まっていますが、日本でも江戸時代には、町人や武士をひとつの場所に集めるのは危険だということで、分散型になっています。名所がそのひとつです。

私たちが注意しなければならないのは、フォーム(形態)だけではあまり意味がないということです。ル・コルビュジエは「300万人の現代都市」で、建築を通して都市のユートピアを提案しています。私はコルビュジエのように建築を通じて提案するのではなく、オープンスペースを中心に都市を考えてみたいと思っています。ボイドとしてのオープンスペースを最初に考え、そのまわりにどんな建築が生まれてくるのか、そのように発想していくことも、もしかしたらこれからの都市のあり方として大事なのではないかと思います。建築であれば、一般の人はできたものの印象が良いとか悪いとかしか言えないけれど、自分たちが使うオープンスペースであれば、積極的にそのつくり方に意見が言えるかもしれないと思うのです。

WTC跡地で新しい超高層（「フォー・ワールド・トレード・センター」）を設計した関係で、ニューヨークに何度か行きました。ニューヨークにはじめて行ったのは1952年です。今から60年以上前ですが、改めて自分にとってニューヨークの原風景は何だろうかと考えたら、それは決して超高層ではない。私の記憶に一番残っているのはオープンスペースでした。セントラルパーク、ニューヨーク近代美術館（MoMA）の彫刻ガーデン、ロックフェラーセンターのスケートリンク、ダウンタウンのワシントンスクエア…。それらがニューヨークでもっとも印象に残った原風景なのです。自分がどこにいるのかを教えてくれるのは、建築ではなく広場なのです。ニューヨークの建物はどんどん変わったとしても、広場自体は変わらずにある。これがパブリックスペースのもつパワーなのだと思います。

ジークフリード・ギーディオンの有名な著書に“Space, Time, and Architecture”（『空間・時間・建築』）がありますが、私も自分の「空間・時間・建築」をもっています。その中で「時とは記憶と経験の宝庫である」、そして「時は都市と建築の調停者である」という言葉を述べています●3。ヒルサイドテラスでは、時間が経つに従って都市が変わり、それと同時に建築も変わっていきました。空間とはまさしくそのような機能を持っていて、そのような空間が人間に喜びを与えるのです。

●3 槇文彦「人間が「建築をする」ということ」（『建築から都市を都市から建築を考える』岩波書店，2015）

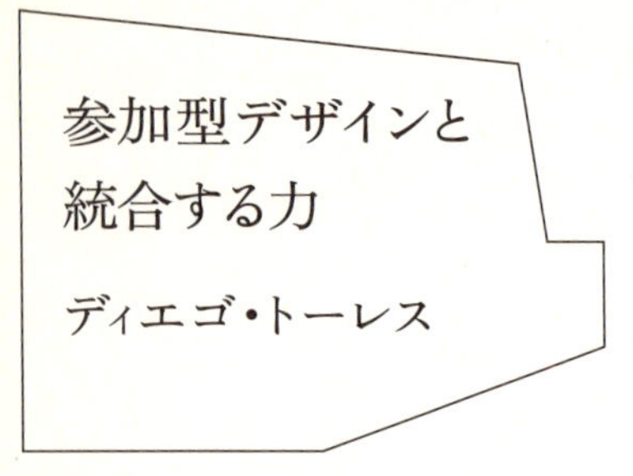

参加型デザインと統合する力

ディエゴ・トーレス

［Diego Torres］建築家、ELEMENTALパートナー。1979年生まれ。2004年チリカトリカ大学卒業。2003年フェルナンド・ガルシアらとEquipo_Arquitectura事務所を設立。ペルーの実験住宅のPREVI（リマ）の実地調査を行ない、2004年のイベロ・アメリカン・ビエンナーレの展示と建築雑誌『ARQ』で発表。2011年より現職。主な進行中の作品：「ノバルティス上海オフィスビル」（中国、2013年〜）など。

［翻訳＝連 勇太朗］

2007年、世界では、都市に住む人口が都市以外の地域に住む人口を上回った。そして2030年には、50億人もの人々が、仕事、教育、保健の機会を求めて都市に集まってくるようになる。都市が多くの人々にサービスを届け、教育や仕事へのアクセスを提供する非常に効率的な装置になっているという点で、こうした状況は好ましいことと言えるだろう。しかし同時に、急速な都市化のプロセスは、衝突、断絶、そして暴力をも生み出す。私たちが都市を、社会における「潜在的な時限爆弾」と呼んでいるのはそのためである。利益の再配分システムに頼らなくても、私たちはデザインによって都市を、平等や生活の質を向上させる近道として利用することができるのだ。デザインは、問題の複雑さを縮減することなく、シンプルな解答を導き出し、統合する力を持っている。異なる種類の情報を扱い得るものであり、究極的には非建築的な課題を形態や空間の問題として翻訳することを可能にするのである。以下、ふたつの事例を見てみよう。

事例1：ソーシャル・ハウジング

もし予算が十分にある場合は、80㎡の住まいを建設することができる。80㎡は世界的に見ても平均的な家族が暮らすには妥当な面積だろう。しかし、予算がないとしたらどうだろうか？ 市場原理に従えば、住戸の面積は40㎡へと減らされるだろう。住まいの面積は小さくなり、土地の価格が安い都市の周縁部へと追いやられることになる。しかし、「40㎡の小さな住戸」をつくる代わりに、質の高い80㎡の住戸の「半分」として、この40㎡を捉えることはできないだろうか。40㎡を建設する予算しかないのだとしたら、その40㎡を質の高い住宅の「半分」として考えたらどうなるだろうか。

このように、小さな住戸をつくる代わりに、質の高い住戸の半分をつくるというかたちに問題設定を読み替えるならば、次に重要になってくるのは「どの半分を私たちがつくるのか?」ということである。私たちは、公的なお金は、住人が自分たちでは建設することが難しい部分に対して使われるべきであると考えた。そこで住人では建てることが難しい最初の「半分」に対して、リソースを効果的に使えるよう、デザインを進めていく際に必要になる条件を5つに整理した。①場所:公共サービスや仕事場に近いこと。②コミュニティが形成しやすくなるような配置計画であること。③住まいとして完成された構造を持っていること。また、そのことにより住人が簡単に、早く、そして安く住宅を拡張できること。④インフラストラクチャーが整っていること。⑤中産階級の人々が住む住宅のDNAを持っていること。

このように条件としての問いの立て方を再設定すると、ソーシャル・ハウジングは、車のように価値が低下していくものではなく、時間の経過とともに価値が向上していくものに生まれかわる。そうすることで、ソーシャル・ハウジングが社会的な出費ではなく、社会的投資に変わる。セルフビルド住宅は、世界中で問題として扱われる傾向にあるが、実は課題解決の一部として捉えることができるのだ。デザインによって、人々の建設に関わるエネルギーを正しい方向へ導く枠組みを提供できるからだ。

2002年に始めた最初のプロジェクト「キンタ・モンロイの集合住宅(Quinta Monroy Housing)、2004年竣工」では、一住戸7,500米ドルの建設予算で100戸つくることを依頼された(pp.4-5)。この全体の予算内で土地を購入し、インフラストラクチャーに投資し、そしてもちろん、住宅を建設しなければならなかった。ここに住む100世帯の住人は、これまでの30年間、劣悪な生活

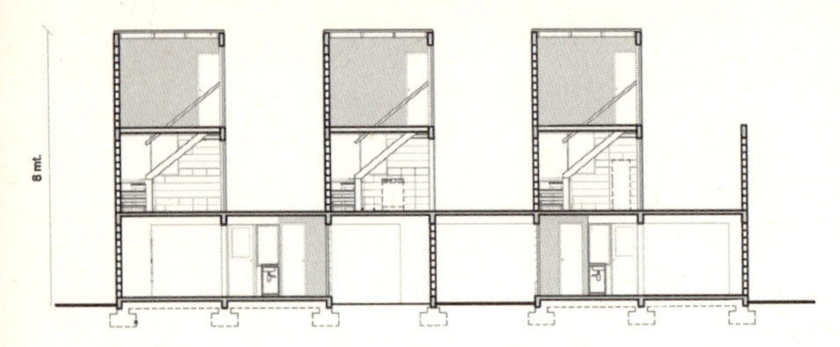

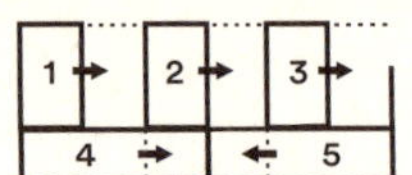

fig.1　エレメンタル「キンタ・モンロイの集合住宅」(2004)の断面図。1階と2・3階の住戸それぞれに、拡張のための空間が残されている。[提供＝ELEMENTAL]

環境にもかかわらず、立地の良い土地を不法に占領しつづけてきた。私たちは住民たちと、建設可能なタイポロジーを設定し、いくつかのスタディをしていくことからプロジェクトを始めた。

一棟に2住戸が入った長屋形式(semi-detached house)だと、たったの32戸しか敷地におさめることができない。そのため、このタイポロジーは採用されなかった。また、テラスハウスの場合(横に連結した住戸)は60世帯をおさめることができたが、住宅を拡張していく場合、最終的に自然換気や光を部屋に取り入れることができない状況になってしまうため、これも選択肢としては採用されなかった。3、4階建てのブロック形式の場合は、1階部分と最上階しか拡張できないという問題がある。しかも住人たちは、ブロック形式を提案しようとした場合、ハンガーストライキを起こして抗議すると迫ってきた。

そこで私たちは、一住戸7,500米ドルを使って100戸を建設するのではなく、75万米ドルでできる建物は何かと発想を変えてみることにした。住戸を間引いていくことで、住人が入居後に住まいを拡張できる余白をつくると、100世帯分の住戸を敷地におさめることができた。25世帯がひとつの中庭を囲む形式で、住人がコミュニティを形成しやすいスケールの配置を計画した。1階にはふたつの住戸があり、そのうえにはメゾネット形式の住戸が3戸配置されている fig.1-2。すべての住戸は地上から直接アクセスすることができる。

実際に私たちは、何か新しいことを提案したわけではない。住人たちは、良い立地のこの場所により多くの人が住めるよう、もともと2階建てのユニット・システムを自分たちで発明していたのだ。私たちは住人とワークショップを行い、このタイポロジーに何が可能で、どのように増築可能かということのルールを説明した。こうしたワークショップを通して、各家族・住人は、どのよ

fig.2 「キンタ・モンロイの集合住宅」の竣工直後（上）と8ヶ月後（下） ©Cristobal Palma

うにして自らの家が完成するのか、そして地域のコモンスペースがどのように変わっていくのかを思い描いていった。

一般的に、7,500米ドルで獲得できる住戸は小さく、都市の中心部から離れた砂漠のような場所の真ん中に建ち、サービスが受けられないものであるのに対し、私たちの提案では一般的なソーシャル・ハウジングが土地に使う金額の三倍を払い、町の中心部に敷地を確保し100戸の住戸建設を可能にした。つい最近、ここで初期の段階からのコミュニティ・リーダーが私たちの事務所を訪れ、ある住戸が42,000米ドルで売れたということを教えてくれた。これは価

●1 チリ中部マウレ州タルカ県に位置する人口4万人の港町。2010年のチリ大地震およびその後に発生した津波により壊滅的な被害を受けた。

値が上がったという事例として極端なものかもしれないが、住人が自分たちで増築することが可能な場合、良い立地に小さく建設するというアイディアが有効であるということを証明している。価値が上がることで利益を得たその家族は、様々なものが不足した何年もの状況から脱し、より良い暮らしを手に入れたはずだ。

こうした低層高密度の集合住宅のプロジェクトの方程式［訳注：過密化せず拡張可能な状態にし、良い立地を購入する］によって、私たちはチリで30住戸から400住戸といった様々な規模の集合住宅のプロジェクトをはじめ、メキシコやニューオリンズなどでも同様のプロジェクトに携わっている。

キンタ・モンロイのプロジェクトから6年後、私たちは2010年のチリ地震と津波で被災したチリ南部に位置するコンスティトゥシオンという町●1で、復興活動の一環としてハウジング・プロジェクト（「ヴィラ・ヴェルデ（Villa Verde）」2010年）に取り組んだ。コンスティトゥシオンでは、気候と素材のふたつの点がイキケ［「キンタ・モンロイの集合住宅」の建つ地域］とは異なる条件であった。イキケが砂漠地帯であるのに対して、コンスティトゥシオンは降雨量の多い場所であり、また、木材が現地で調達可能であった。このふたつのことを考慮に入れたとき、イキケとは違い屋根をつくることが必要であると考えた。住民たちが雨漏りをしない屋根をつくることはとても難しいはずだ。そして、木材は優れた素材にもかかわらず、住宅が複雑に構成され所有がオーバーラップすることで、問題が起こる可能性がある。こうしたことから、完成した状態の半分を建設した長屋形式の住戸を提案した fig.3。スキーム自体は説明を要しないほど明確な特徴を持っていたので、住人はセルフビルドよって増改築が可能なことをよく理解した。

事例2：地震と津波からの復興計画

2010年2月27日、チリはマグニチュード8.8の地震と津波に襲われ、私たちはコン

fig.3 エレメンタル「ヴィラ・ヴェルデ」(2010)[提供=ELEMENTAL]

fig.4 エレメンタルによるコンスティトゥション市復興計画「PRES」［提供＝ELEMENTAL］

スティトゥシオンの復興計画に携わることになった。与えられた日数は100日。そのあいだにすべてのものをデザインしなければいけなかった fig.4。公共施設、パブリック・スペース、道路計画、交通、ハウジング、そして町を将来の津波から守る方法など。これはチリの都市デザイン史においても未知の挑戦である。すでに、行政によっていくつかの代替案が検討されていた。最初の案は、海抜ゼロメートル地帯に建物を建設することを禁じたものであった。この案の場合、3,000万米ドルが土地の収用のために使われる上に、漁師がどのみち土地を非合法で占拠することが予想されたため、非現実的であった。ふたつ目の案は、巨大な壁を建設するというものであり、重い土木的インフラによって波のエネルギーを軽減することを意図していた。この防潮堤の建設には、4,200万米ドルという建設コストが必要となるため、大手建設会社がロビー活動によってその案を進めるべく働きかけており、土地を収容する必要がないことから、政治的な観点からも好まれていた。しかし、2011年の日本の東日本大震

fig.5 コンスティトゥション市復興計画の住宅プロジェクトにおける住宅所有者たちとのワークショップと現場見学［提供＝ELEMENTAL］

災での経験が、自然の猛威に抵抗することがいかに無意味かということを教えてくれているように、この案も信頼できるものではない。こうした状況を踏まえて、このプロジェクトでは、住民を巻き込んだ、参加によるデザイン・プロセスから解答を導いていくことにした fig.5。

私たちがコンスティトゥシオンを訪れたのは、地震と津波の後まもなくのことである。そして、ティローニ・アソシドスが主宰するコミュニケーション・オフィスとともに、私たちは「オープンハウス」の設置をまずは提案した。オープンハウスとは、住民たちが集まって町の未来について話し合える場であり、簡単な構造体によってつくることができるスペースである。このオープンハウスで、興味や関心事の異なる人々と、日常的なことから具体的な問題まで、様々なトピックで議論できるようにいくつかの集会が開催された。そして、何気なく交わされる会話から様々な情報を得ながら、住民の要望や意見の相違を明らかにしていった。もし、地元官庁や地域の経済界の人たちがここに参加していなかったら、このプロセスはうまく進んでいなかっただろう。長期的な成功を確実にするためには、その町を拠点とする民間企業、地元官庁そして住民たちのあいだでコンソーシアムを形成することが大切である。私たちはこのミーティングで、案が棄却されることを恐れず、コンサルタント的な立場というよりは、課題に対して迅速に提案を出していく立場で参加しようとした。私たちの提案は、最終的にはコミュニティによって否決されたが、それは本質的な課題を整理していくためにとても重要なプロセスであったと言える。

私たちにとって最大の驚きだったのは、将来再び襲って来るであろう津波から町を守ることが、コミュニティが課題として最も重要視している唯一の問題ではないということであった。一連の住民との対話から、最低限考慮しなければいけない3つの問題が明らかになった。ある女性が、今後30年のあいだに襲って来るかもしれない津波の対応よりも、より緊急性の高い問題があると教えてくれたのだ。それは、この町は雨水を排水するインフラストラクチャーが十分に整備されていないため、毎年、洪水に見舞われていること。また、チリの林業の中心地でありながらも、パブリック・スペースの質が低く、十分でないということ。さらにこれを他の言葉で言い換えると、住民たちが経済活動を活性化する機会を期待していた、ということである。

コミュニティは私たちに、町の原点やアイデンティティは、倒壊してなくなってしまった建物と本質的には関連していないということを教えてくれた。建築家や官僚は、その町のアイデンティティや歴史は、町の重要な建物と関係していると思いがちだが、コンスティトゥシオンの場合、町のアイデンティティは町そのものを生み出した川にあると住民たちが教えてくれた。しかし、実際には川辺は50世帯の家族によって占有されていたため、川へのアクセスは開かれていなかったのである。

津波から町を守る解決策を考える代わりに、私たちは3つの問題に応える方法を考えなければいけなかった。ゼロメートル地帯への建設禁止でも防潮堤建設でもない、私たちが提案した第三の選択肢は、自然や地理の猛威に対するものであり、地理学的アプローチによる解決策であった。もし、都市と海のあいだに森があったらどうだろうか？ 自然の猛威に抵抗するための森ではなく、摩擦によって力を分散させるための森である。これは豪雨による雨水の貯水地ともなる。将来の洪水を回避する森である。この森は、誰でも川にアクセスできるように、公共的な公園として機能し、今までのパブリック・スペースとしての欠如を補うものである。

100日間というこれまでのプロセスの最後に投票が実施された。人々は、森林公園のアイディアに対する受け入れの可否を決め、復興における優先順位に従って建設プロジェクトを選択しなければいけない。そして、一連の参加型デザインの結果、私たちの提案は、投票によって政治的にも社会的にも正当であると認められた。

しかし、依然として4,800万米ドルという建設コストに関して課題が残った。私たちは周辺の公共事業について調べ、そこで3つの異なる公的機関が、同じ川沿いのエリアで他のプロジェクトの存在を全く把握していないまま異なる計画を進めていることが分かった。それらのプロジェクトの総工費は、5,200万米ドルである。私たちの4,800万米ドルの提案は社会的な要求を満たして有効なだけでなく、コスト面でも効率的であるということが明らかになった。つまり、私たちのデザインによって、町に不足する資源をより効果的に使うことが可能になるのである。こうしたプロセスによって400万米ドルを節約することができた。森は現在、建設中である。

私たちはこうした経験から、参加型デザインというものは、課題に対する要求や答えを住民に直接聞いてまわるということではないと学んだ。参加型デザインとは、何が問題となっているのか、正しい問いを見極めることである。間違った問いに対して答えを用意しようとするほど無駄なことはない。参加型デザインを通して、要求を正確に見極めた上で、一度正しい問いを立てれば、住民たちとともにものごとの優先順位を設定していくことが可能となる。これにより、プロジェクトは、建築家や官僚に所有された状態から自由になる。コミュニティが、プロジェクトの主体は自分たちであるという感覚をもつことができれば、プロジェクトを実現するフェーズにおいて、住民たちは官僚や行政に対して責任や説明を要求する強さをもつようになる。特に、行政の時間尺度を超えるようなプロジェクトである場合はそうである。そしてそのことにより、建築家も長い時間感覚を持つプロジェクトに関わることができるようになるのではないか。

WOWアムステルダム
――ボス・エン・ロマー地区の再生を誘導する都市のツボ

ケース・ファン・ラウフン

［翻訳＝土居 純］

［Kees Van Ruyven］都市開発ディレクター、KEESVANRUYVEN/urbanism in Amsterdam主宰。1948年アムステルダム生まれ。デルフト工科大学土木工学科にて都市工学を学ぶ。1976～94年アムステルダム市の都市計画局、1994～08年アムステルダム市でプロジェクト・マネージャー。IJ-ウォーターフロント開発（アムステルダム）など、既存の都市をどう更新するか、というプロセス・マネージメントの側から、都市のエリア開発・再生に携わる。

オランダの首都アムステルダムは市内人口82万人、首都圏一円では人口210万人、就業人口120万人を擁する。ここは物流拠点であるばかりか、観光と創造と文化の都でもある。470の近隣住区にじつに178の国籍の人間が暮らすこの都市は、さしずめコスモポリタンなまちである。親水性が高く、足場が抜群に良いこの都市には、多くの大学が集まっている。

危機を転機に

歴史が物語るように、人類は危機に見舞われるたびになにがしかの革新・改良を施し、社会のありようを、本稿に即して言えば、都市社会のありようを変えてきた。オランダでは19世紀末の恐慌をきっかけに1901年の「住宅法」が制定され、これにより都市開発の要となる公営住宅の礎が築かれた。そしてオランダといえばソーシャル・ハウジングと言われるほどに、今やオランダは世界的にもこの分野で存在感を放っている。第二次世界大戦後に復興が進められた欧州およびソ連では、従来の都市計画の諸原則がことごとく打ち捨てられ、代わりに1930年代の大恐慌のさなかに時代に先んじて発見されていた「通風、採光、空間」の三原則が主流となる。大規模再建を口実に都市には建物が増殖し、かたや新市街地のスプロール化にともない、郊外には「社会住宅の宮殿」が出現する。都市計画・国土計画に関する新法令が定められ、これがオランダの「国づくり」を後押しした。

テクノクラート主導で進められてきたこの

戦後の国づくりも、1968年前後に起きた文化革命によって覆されることになる。代わりに台頭した文化的・政治的な市民運動は、「近隣のまちづくり」をモットーに市民自らの手で問題に対処していこうとする。これは社会が政府補助金で動くようになったということでもある。やがて1980年代の金融危機の煽りを受けて単身者世帯の割合が急増し、都心回帰の傾向が強まる(「コンパクト・シティ」)と、都市はかつての活力を取り戻す。それまで公営住宅一辺倒だった都市開発路線に、経済と文化という要素が加わった。アムステルダム市のいわゆる「インキュベーション」[訳注:起業支援]政策が生まれたゆえんである。

では2008年の経済危機はいったいどんな未来につながるのか。これについては、あいにく四半世紀ほど経たないと見えてこないだろう。とはいえ、この危機が公的機関によるトップダウン式の大規模都市計画に終止符を打ったことは、おそらく確実である。おかげで民間や集団を主体としたボトムアップ・イニシアティヴや、近隣によるイニシアティヴが[都市計画に]入り込む余地が生じた。そこでこれからは「コミュニティ内で各集団が協力」し、環境やサステナビリティの分野にも踏み込んで、自分たちの将来を真剣に考えようという流れになる。市場は供給者本位から需要者本位へと移行した。もとより社会そのものを一からつくることなどできないのだから、つくるとすれば、それは有機的な開発に向けた条件と枠組みであり、そのうえで適切な投資を呼び込んで開発に弾みをつけるしかない、と。いうなれば「ツボ押し」作戦である。今や都市空間を開発するにも、建前上は、循環型経済を原動力としなければ新規開発もままならないのである。

この流れを受けてオランダ政府は総称「参加型社会」なる構造改革を打ち出した。基本的には支出削減路線の改革だが、とはいえこれを機に新たな展望や機会が開けたこともまた事実である。さらには変化や再生の背後でそれを仕掛け推進した個人と集団の顔や、近隣の規模も見えてきた。

fig.1 建設途中の環状A10号線とボス・エン・ロマー地区(1968年)
[提供=ケース・ファン・ラウフン]

Vacant NL [虫食い状態のオランダ]

2010年ヴェネツィア・ビエンナーレ国際建築展で[オランダ館の]キュレーターを務めた建築家ロナルド・リートフェルトは、この展示によってオランダ政府ならびに各国政府に向け警鐘を鳴らそうとした。せっかく空きビルのストックが厖大にあるのだから、そこに眠っている可能性を引き出すなりヒントにするなりして、もっとうまく都市空間を開発したらどうか、というわけだ。この警鐘に勇気づけられた現場のイニシアティヴは少なくない。これには公的機関や政府とて見て見ぬふりもできず、そこで公有地の不動産評価額を切り下げたり、法改正を行なうなどしてこれに手を貸した。2013年時点で全国の空きオフィスならびに空き店舗の総面積がすでに720万㎡に達していた。その全ストックのうち約2〜3割がアムステルダムに集中していた。そこでアムステルダム市当局は、不動産をもっとうまく活用・売却する手立てがないかと検討しはじめる。当局ではすでに2000年に「インキュベーション・オフィス」を立ち上げ、多額の投資資金を用意して古い空きビルを転用し、そこをアーティスト育成やクリエイティヴ産業の振興・支援の場に充てていた(https://www.amsterdam.nl, "bureau broedplaatsen"の項を参照)。創造と文化の都としてその存在感をアピールしてきたアムステルダム市にとっても、この施策は追い風となる。だが文化的基盤を整えるには、なにも都市のアイコンたる立派な文化施設を建てればよいというものでもない。むしろ才能の芽を摘んでしまわずにそれを育てていけるような文化的な土壌をこそ求められる。ひとたびそうした文化的基盤が整えば、その波及効果として経済成長であるとか住環境や仕事環境の充実が望める。

fig.2　ボス・エン・ロマー地区に1968年に建設された旧高等技術専門学校［提供＝ケース・ファン・ラウフン］

WOWアムステルダム

環状A10号線沿いのボス・エン・ロマー地区に、その旧高等技術専門学校（HTS Wiltzanghlaan）はある fig.1-2。1968年竣工のこの機能的な建物は、戦後復興期の価値観を体現するかのように、そのガラスと鉄とコンクリートでできた明快な建築形態には採光、通風、空間が三拍子揃っている。建物の用途が変わったのは2000年のこと。バルカン紛争期の亡命希望者たちがここに逃げ込んだのである。市が所有していたこの建物は、2006年に空きビルと化した。そこでこの建物をニュー・ヴェスト［新西］区の大型都市再開発に組み込もうとの試みが幾度かなされたものの、あいにく不首尾に終わった。ようやく2012年末に、アムステルダム・ヴェスト［西］区［以下、「ヴェスト区」］、インキュベーション・オフィス、地元のホテル経営者、まちづくりの専門家（city maker）が共同で「WOWアムステルダム」を発案する。

WOWアムステルダムのそもそもの狙いは、高等技術専門学校の本館（約8,500㎡）を改修し、そこにホステル（350床）を併設し、卒業したての若い才能を招いて短期滞在してもらう（レジデント・アーティスト用のスタジオ50室）ことにある fig.3-4。これならアムステルダム市の思惑どおり、才能ある人間がこの都市に居着いてくれるし、なおかつ都市近郊のホテル不足の問題も解消できるだろう。さっそく財団が設立され、この複合施設をプロモートし、そこから上がる収益を館内で催される文化事業であるとか建物の増築であるとか外構の整備（プランタージュ都市菜園）に再投資することになっ

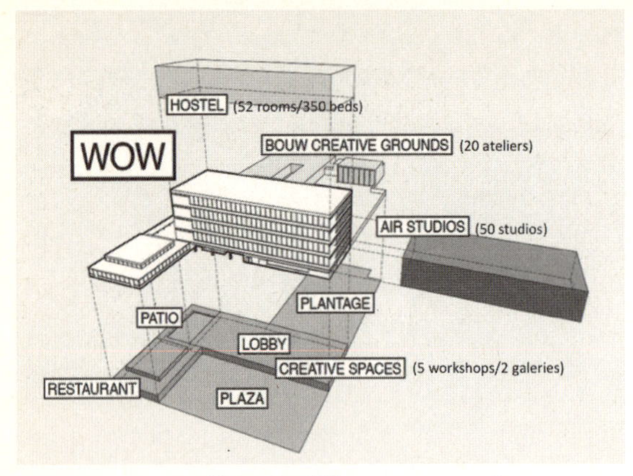

fig.3　WOWアムステルダムの改修ダイアグラム［提供＝ケース・ファン・ラウフン］

た。WOWアムステルダムの裏手には幸い、アーティスト用インキュベーション施設として使われてきた低層棟もある。市内でも珍しいこの両施設の相乗効果はきっと地元コーレンキット（ヴェスト区ボス・エン・ロマー地区の一部）の住民にも波及するだろう。

市当局はこの建物を15年の期限付きでWOWアムステルダム財団に貸与した。さらに同財団が建物の改修に210万ユーロを融資したり、インキュベーション・オフィスが文化事業に70万ユーロを助成したりしている手前、さすがにヴェスト区も建物の維持管理費100万ユーロを負担しないわけにはいかなかった。転用のための改修予算は平米単価わずか245ユーロである。

財団が任命したキュレーターは、WOWの招聘アーティストをはじめ、市内の美術館、地元コーレンキットの団体や住民と共同で文化事業を企画していくことになる（http://www.wow-amsterdam.nl/を参照）。

ボス・エン・ロマーの位置づけ

ボス・エン・ロマー地区は、ヴェスト区内のほかの5地区とともに、戦後復興期の西部田園都市（Westelijke Tuinsteden）計画の一環として1950年代から70年代にかけて開発された。この6地区はそれぞれ空間構造も異なれば機能構造も異なっている。その中心にあるスロータープラス［湖］の浚渫土砂を盛って宅地造成したところに、この田園都市はつくられた。これらの地区の社会構造は、いわゆる近隣住区型コミュニティの概念を下敷きにしている。要するに、小さな近隣の集まりである。ボス・エン・ロマー北部にあるコーレンキットはそうした近

fig.4 WOWアムステルダムのエントランス・ロビー(左図)とホステル(右図)[提供=ケース・ファン・ラウフン]

隣のひとつである。その名は、住区中央に建つ教会の外観が「コーレンキット」(石炭バケツ)に似ていることに因んでいる。

平行配置の開放的な団地タイポロジーを探る試み[従来のロの字型に閉じた住棟形式に代わる]は、ここボス・エン・ロマーで初めて実施され、こうして共用エントランスホールをそなえた片廊下式の住棟が誕生した。敷地内には共用の空間、緑地、遊び場を設けるだけのゆとりがたっぷりある。住民はこのボス・エン・ロマーへ移り住む前は、市内にある19世紀来のさびれた住区に暮らしていた。ボス・エン・ロマーに建つ建物のうち9割をソーシャル・ハウジングが占める。土地はアムステルダム市当局からの借地で、建物の建設と管理は市と各ハウジング・コーポレーションが担当した。

A10号線は1960年代後半にアムステルダムの外環道路として敷設された。だがこの道路は、アーバンデザイナーのコルネリス・ファン・エーステレンが1935年に作成した当初の拡張計画を台無しにした。本来ならば雄大なスケールでバランス良くデザインされていた地区が、いまやA10号線に分断されたきりになっている。このA10号線は今の今まで、住民にとってはボス・エン・ロマーおよびヴェスト区内に立ちはだかる障壁にして、環状線の内と外を隔てるものであり続けてきた。騒音と大気汚染の原因にもなった。

ヴェスト区では、1990年代終わりにかけて人口構造が著しく変わった。もとからいたオランダ人住民が地方の新興都市に転出し、その代わりにモロッコやトルコ出身の移民が流れてきたのである。かくして近隣内の社会的結束は弱まり、住環境に対する意識も低下した。そんなこともあって、コーレンキット住区はオランダ政府に国内有数の貧困地域と断じられた。これを受けて自治体は各ハウジング・コーポレーションと手を組んで「公園都市(Parkstad 2015)」と称した大胆な都市再生プロジェクトを2000年あたりに始動させ、国に反撃する。まずは古い建物を建て替え、さらに住棟に多様性をもたせるために分譲住宅や高級賃貸住宅を取り混ぜる。住民が多様なほど、状況は改善され近隣再生の気運も高まるだろう。ところが折からの経済危機に加えて、建物を大々的に取り壊したことが住民の反発を招いたため、この再生事業は2008年に頓挫する。

ともあれ、以来ボトムアップ・イニシアティヴと空きビル転用策は、社会再建・空間再生の新たな手立てとされるようになる。こうしたイニシアティヴはもっぱらA10号線の西側エリアに集中しているので、うまくいけばA10号線の内外の隔たりを解消することにもなるかもしれない。

これまでの成果

A10号線沿いの空きビル群については、これまでにも数え切れないほどの独創的な転用案が施された。なかには転用を機に周囲にすっかり馴染んだビルもある。対して相変わらず周囲から浮いたビルもあるが、それはきっと、営利に走って近隣に受け入れられるようなプログラムを用意しなかったせいだろう。

2015年時点でのWOWアムステルダムの実績を挙げると、ホステルに宿泊した若い外国人旅行者が35,000人(延べ85,000泊)、最長2年の期限付きスタジオとアトリエを借りたアーティストが55人。またWOWを避難所代わりにして一時滞在中の子連れ世帯が15組いる。文化事業の一環である各種催しや展示は、来場者数が約15,000人、ウェブサイトのアクセス数に至ってはこれを大きく上回る。現時点での雇用者数は約25名。中庭には実験的な菜園「プランタージュ」を設け、ここで野菜や植物やグラフィックアート用のインク原料を栽培す

fig.5 WOWアムステルダムのレジデント・アーティストと近隣コミュニティの人々による活動 ©Marlies Buurman / WOW Amsterdam

る。屋上には貯水槽と太陽光発電パネルを設置。近隣の10の団体とのコラボレーションを通じて、周囲との結びつきをおのずから育んでゆく。レジデント・アーティストには児童向けプログラムを企画してもらい、近隣の子どもたちを相手に日常風景の見え方とか、子どもの人権などの社会問題を教える。近隣の治安も良くなったことだし、地元住民も気軽に館内のレストランや催しに足を運べるだろう fig.5。

WOWアムステルダムが近隣の発展にどれほど貢献したかについては、とりあえず1年経ってみないことには評価しようがない。ならばハウジング・コーポレーションにはこれと並行して、住宅ストックにこつこつと手を入れて状態を良くしてもらうしかない。

結論と課題

- 鍼療法のように特定の空きビルや旧産業施設をピンポイントで狙って賢く再利用すれば、それが刺激となって近隣再生に弾みがつく。
- 所有者、自治体、地域に密着したクリエイティヴな企業家の三者が互いに協力できる場を設けること。
- まずは建物に対するヴィジョンを描き、実現可能性を検討すること、なおかつプロセスを透明にすることが出発点となる。
- 何はなくとも、プログラム、着想、プログラムづくり。
- アムステルダムは急速に拡大しているので、住宅市場は圧倒的に売り手市場となり、地価も高騰している。となると、ボトムアップ路線も決して安泰ではない。社会がこのまま持続するかどうかも怪しい。
- 残された問い:結局のところ、我々は経済危機からいったい何を学んだか。いったい何をもって将来への布石とするのか。ことによると、地域発の小規模なボトムアップ・イニシアティヴにも、住宅供給を柱とした大型開発にも与せず、ひたすら中道を歩むことになるのか。

Chapter 2

コモンズ

Commons for Neighborhoods

［Takuma Tsuji］建築家、403architecture [dajiba] 共同主宰。1986年静岡県生まれ。横浜国立大学大学院／建築都市スクール“Y-GSA”修了後、Urban Nouveau* 勤務を経て、2011年に浜松市を拠点とする403architecture [dajiba] を彌田徹、橋本健史と設立。実践的な教育を提案するメディアプロジェクト・アンテナの企画運営にも携わる。主な作品：「渥美の床」「海老塚の段差」「富塚の天井」など。

「コモンズ」をめぐる8のキーワード┃辻 琢磨

1. 社会資源としてのストック　2. 小さな公共性

3. タイポロジー　4. 間の空間

5. マーケットと持ち家社会　6. 付加と転用

7. 可能性の最大化　8. 継続と継承

コモンズは、もともと「入会地」を意味するように、自らの所属する地域集団といった限定された枠組における共有資源を示す言葉であった。しかし近年、情報技術の発達を契機として、様々な研究領域においてその概念が注目され始めている。こうした資源の捉え方は、経済原理の拡大により疲弊した地域やその価値を失って久しい地域共同体にとって、再帰的に重要な概念である。なぜなら、コモンズがそもそも発生し得るのは、ある限定された特定の枠組内においてであるため、コモンズはその領域の中での関係性をつなぎとめ、当該環境の自発的で持続的な形成に寄与するからである。例えば地域住民が空間や知識、状況を共有することの価値は、その住民が所属する環境への帰属意識の醸成とその集団の利益を目指す主体者の形成である。より踏み込んで言えば、資本主義活動が推進してきた個人主義からの脱却なのである。無限の経済成長を前提にしてきた我々の価値観は、地域が本質的にもつ有限性を前提としたコモンズによって、大きく変化する可能性があるのだ。同時に、物理空間という限定された範囲と、地域固有の文脈を扱う建築家にとって、コモンズは、建築が拠って立つ基盤たり得るのである。

403architecture [dajiba]「渥美の床」(2011) ©kentahasegawa

社会資源としてのストック
Stock as Social Resources

地方都市を中心に人口減少と高齢化が進んでいる現在の日本では、住宅供給システムの再編が求められている。空き家の総数は2013年の時点で800万戸であり、今後20年で2000万戸を超えるという。こうした状況に対して、「空き家等対策の推進に関する特別措置法」の施行(2015)に象徴されるように、国家レベルでも住宅ストックを「社会資源」として捉えなおす動きは活発化している。403architecture [dajiba]は、静岡県浜松市において徒歩圏内に「渥美の床」(2011)など小規模なプロジェクトを資材や空間、人を連携させながら同時多発的に展開することで、廃材や空きスペースといった停滞した地域資源をストックとして読み替え、建築の「マテリアル」として積極的に利用する。成熟社会ではさまざまな要素が余剰となる。今すでにあるストックに目を向け、その価値を読み直し、共有化を図ることが積極的に求められていくはずだ。

小さな公共性　Micro Public

建築ユニット・エウレカによる「ドラゴン・コート・ヴィレッジ」(2013)は、地方都市の住宅街に立地する、小さなヴォイドを積極的に取り込むことで地域に開かれた集合住宅だ。竣工後には住民によるマーケットなどが定期的に開催されており、地域住民の交流の場として機能する。このように地域で共有される公共空間を住民自らがつくりあげる、そんな新しい公共性のあり方を、不特定多数を対象にした公共施設の「大きな公共性」と対比させて、「小さな公共性」と呼んでみたい。アトリエ・ワンも「マイクロ・パブリック・スペース」という概念を提唱し、家具や小さな構造物、人々に内在するスキルを通じて、個人と社会の関わり方を積極的に捉え直す試みを実践しているように、公共性とは、本来スケールによることなくごく小規模であっても機能する概念なのだ。この「小さな公共性」から出発した都市更新の方法は、「大きな公共性」にかわる新しい地域社会の運営のあり方を担うだろう。

エウレカによる「ドラゴン・コート・ヴィレッジ」における週末イベントの風景
集合住宅に積極的に取り込まれたヴォイドが「小さな公共性」のきっかけとなる
[提供＝辻 琢磨]

3/8

タイポロジー　Typology

タイポロジーという言葉は「類型学」と邦訳される。1950年代にイタリアの建築家サヴェリオ・ムラトーリらが展開した都市空間の分析手法であり、日本では陣内秀信が東京の都市分析などに応用したことで広く知られるようになった。アルド・ロッシは、都市類型学の代表的書物『都市の建築』の中で、タイポロジーを具体的な形態に先行する共有知によって理解される反復可能な観念であると同時に、その観念を共有する人々の中で継承されてきた、形態に宿る集団的記憶を事後的に発見する手法であるとしている。時間の蓄積した地域や都市空間を観測し、考察し、新たな価値を位置づけようとする眼差しが、タイポロジーなのだ。したがって、タイポロジーは歴史の積層が存在しないタブラ・ラサ（白紙）の場所に本質的には機能しにくいが、豊富なストックをすでに保有する成熟社会を迎えつつある我々の社会においては、その有用性は増している。

広場のタイポロジーを更新、継承してきた「カンピドリオ広場」［提供＝辻 琢磨］

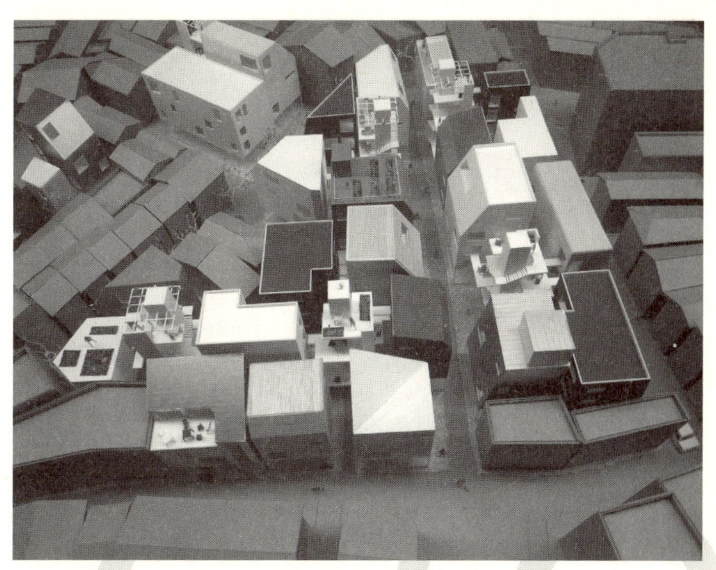

木造密集市街地における「路地核」の提案［提供＝Y-GSA］

間の空間　In-between

北山恒は「建築とは空間を仕切る壁の問題ではなく、空間と空間の「間:in-between」の問題なのだ」と指摘する（『北山恒の建築空間 in-between』）。そして、とくに日本の都市空間は、縁側や路地、庭といった内外を緩やかに区切りながら同時につなぐ緩衝空間によって特徴づけられるとした上で、こうした「間」の空間こそがこれからの日本の地域空間を支える重要な要素であると再評価する。これからの社会では、建築は敷地の内外で断絶することなく、その境界をまたいで多様な関係を積極的に引き入れるべきだからである。北山による「路地核」の提案は、木造密集市街地に防火水槽や共同キッチン、避難動線などをもった小規模なコミュニティ施設を点的に分散挿入していく。これは、木密地域における豊かな「間」の空間がもつ都市機能としてのポテンシャルを、ソフトとハードの両面で引き出そうとする柔らかな計画と言えるだろう。

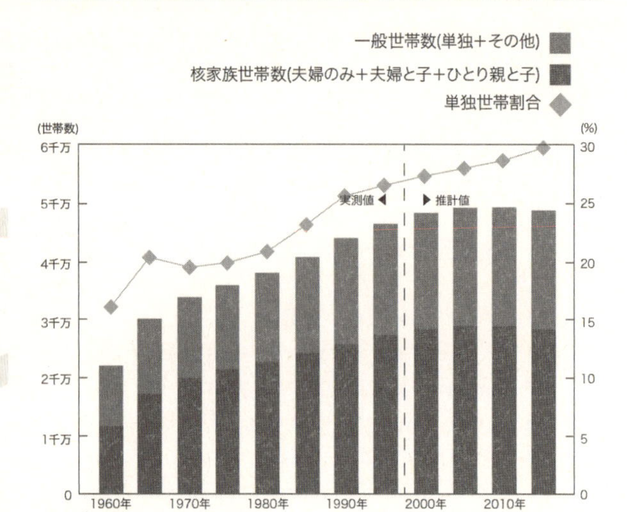

戦後日本の世帯数と核家族世帯割合の推移［国勢調査等の数値をもとに辻琢磨が作成］

マーケットと持ち家社会
The Market and a Society Premised on Homeownership

持ち家社会を前提にした日本の住宅政策は、戦後急速に普及した核家族を基本とした家族形態と連動し、年間100万戸の新築住宅を生み出すまでに肥大化した我が国の住宅産業を推進してきた。郊外の宅地開発と住宅ローンがセットとなって住宅はパッケージングされた商品となり、さらに30年程度での建て替えが推奨されることで、マーケットは拡大し続けた。しかし、核家族制度が変容し、人口減少が進む現在においては、空き家問題や、団地を含む新興住宅地の一斉高齢化が社会問題として認識されはじめている。家族形態の変容に、これまでの持ち家社会は明らかに対応しきれていない。そうであるならば、今求められるのは、多様な家族形態を前提としながら、地域社会のなかでの創造的な関係性によってお互いをサポートし合えるような住環境づくりであろう。それは現在のマーケットの論理に代わる新たな価値を築くプロセスである。

付加と転用
Adding and Converting

ル・コルビュジエの「ヴォワサン計画」(1925)は、中世的な路地空間の残るパリを、高層ビルとオープンスペースからなる近代都市に全面的に書き換える都市提案であった。工業化による大量生産と大量消費の価値観を最大限肯定する、いかにもモダニズム的な提案であると言える。しかし、このコルビュジエの提案から一世紀を経た我々の社会では、むしろ今ある建築や都市空間を尊重しながら部分的な要素を付加させたり、使途を転用することで異なる価値を与えるような方法や価値観に、可能性が見い出されるべきだろう。ラカトン＆ヴァッサルは、「パレ・ド・トーキョー」(2002)において、大きな空間を有する旧い工場を現代アートを展示する美術館へと転用することに成功している。ここには既存の価値を認めた上で、そこに付加と転用を組み合わせようとする態度が見られる。このような編集的態度が、21世紀の建築の想像力の基礎となるべきではないだろうか。

ラカトン＆ヴァッサル「パレ・ド・トーキョー」(2002)［提供＝辻琢磨］

可能性の最大化
Maximizing Potential

ラカトン&ヴァッサルは、既存の建築ヴォリュームの外周にインナーバルコニーを増築していく「ボワ・ル・プレートル高層住宅改修」(2011)に代表されるように、限られた予算でより多くの面積を実現することをめざす。これは予算や法規、クライアントの要望、資材、物流といった建築の前提となる与条件ひとつひとつを丁寧にひもとき、重要度に序列を与え、プロジェクトをエコノミカルに進めるという、建築家として非常に合理的なスタンスと言えるだろう。彼らがつくるのは、資本主義経済の波に飲み込まれた消費のシンボルとしての、どこにでも建設可能な建築ではない。個別のプロジェクトがもつ差異をつぶさに拾い上げ、そのプロジェクトの場所や空間、社会的な機能の可能性を最大化する建築をつくることが、彼らのテーマなのだ。既存の文脈に積極的に介入しようとするラカトン&ヴァッサルの態度は、建築のみならずあらゆるクリエイションの場において有効だろう。

ラカトン&ヴァッサル「ボワ・ル・プレートル高層住宅改修」(2011)[提供=寺田真理子]

奈良・船橋地区に残る伝統的な町家のファサード［提供＝辻琢磨］

継続と継承
Continuity and Preservation

飛騨古川の街並みは、建物のルールを地元民が共有することで実現したものだが、塚本由晴はこれを評して、自分たちの住むべき家と街の在り方を知る「偉大な人々」がつくる風景であるとし、「コモナリティ（共有性）」という概念で現代におけるその重要性を示す。地域のアイデンティティを表現する風景を、主体的に次世代に継承していこうとする住民たちの知性は、経済原理にも飲み込まれない耐久性を持つ。また、乾久美子は、「小さな風景からの学び」と題したリサーチの中で、日常の些細な行為が時間をかけて積み上げられることで自然発生的に定着した風景を、厖大な写真からゆるやかに類型化した。これは塚本の言う「コモナリティ」を「小さな風景」という切り口から科学的に分析しようとする試みと言えよう。歴史的に見ても、建築の存在意義は時間を超える耐久性にある。経済性では測りきれない建築の意義こそが、これからの時代に「継承」されていくべきものであろう。

コモンズの歴史的存在と現代における意味

北山 恒

［Koh Kitayama］建築家、法政大学教授。architecture WORKSHOP主宰。1950年香川県生まれ。横浜国立大学大学院修士課程修了後、同大学助教授を経て、2001年横浜国立大学教授就任。2007～2016年同大学院"Y-GSA"教授。現在、横浜市都心臨海部・インナーハーバー整備構想や横浜駅周辺地区大改造計画に参画。2010年第12回ヴェネチア・ビエンナーレ建築展コミッショナー。主な作品：「洗足の連結住棟」など。

西欧の勃興

11世紀の地中海貿易の様子が、ゲニーザ文書というカイロ旧市街で発見された大量の契約書、価格表、商人の手紙、帳簿などで明らかにされている。アブナー・グライフ著の『比較歴史制度分析』(NTT出版)は、中世後期(1050年頃～1350年頃)における、地中海貿易を分析することでヨーロッパ(ラテン)世界とイスラーム世界の間にある制度発展の比較を行っている。11世紀以前は科学・軍事・美術・工芸において圧倒的に優位にあったイスラーム世界なのだが、この中世後期の期間に経済・政治・社会においてヨーロッパ(ラテン)の商業の進展に反転され、そこから「西欧の勃興」が始まるとされる。遠方との交易が「経済の進歩の原動力となり、のちに産業革命が近代世界を決定的に変えたのとまるで同じように、ついには人間の活動すべての側面に影響を及ぼした」(同書P.21)と書かれるように、この地中海貿易の拡張期は、18世紀の産業革命期と並ぶヨーロッパを中心とする文明の変換期である。この時期に、地中海沿岸の経済の中心は、イスラーム世界からヨーロッパ(ラテン)世界へと移るのだ。この『比較歴史制度分析』では、人間の行動様式を分析し、ゲーム理論を用いて社会制度までその分析を展開する。その内容は、自らが直接交易できない遠方の取引を代理人に付託できる交易システムがどのように成立したのかということに注目するものなのだが、この人間の関係性をトレースすることでヨーロッパ世界が交易を拡大させ経済活動を中心とした文明を構築できたことを論証している。

そこではヨーロッパ世界の社会制度が、「拡張する経済」という当時の交易システムに適合していたことを論証するのである。ヨーロッパ世界固有の社会制度とは、部族・氏族制のような血縁的社会構造ではなく、利害関係にもとづく自治的な非血縁的組織であり、corporation（団体、会社）という形態をとる組織である。そして、「この特有の社会組織（自治的、非血縁的な組織および個人主義）は常に、ヨーロッパ特有の経済拡大、ヨーロッパ科学・技術、そしてより大きな社会的単位ではなく個人を基本単位とする、自治的・非血縁的法人の究極の発現形態たる近代ヨーロッパ国家の成立など、一見関係のないさまざまな歴史現象の背後にある普遍的な共通点である」（同書P.23）とされる。この個人に分解された非血縁的組織とはキリスト教教会が勢力を伸ばすために、4世紀から仕掛けられたもので、11世紀当時は血縁関係に基づく社会組織（氏族や部族等）は弱体化されていたとする。この血縁関係を超える、契約に基づく個人の信用関係という社会制度が広域の交易を支えたのである。

水野和夫著の『資本主義の終焉と歴史の危機』（集英社新書）によると、資本主義の始まりは12〜13世紀のフィレンツェに資本家が登場し「利子」が容認されたときとされるが、『比較歴史制度分析』によると、ヨーロッパ世界にあった社会制度がこの経済活動を支えるのに効率的であり、さらに地中海貿易で得た巨大な資本の再生産を行うメカニズムができていたようだ。いずれにせよ、12世紀の北イタリアにおける地中海貿易で構築した経済システムが資本主義の萌芽であり、「西欧の勃興」を支えていた。そのヨーロッパ文明を生みだしたのはキリスト教教会によって作り出された社会組織（自治的、非血縁的な組織および個人主義）である。この「個人主義的」社会では、異なる集団に属する取引が行われ、その属する集団も容易に変更される開かれた社会である。その社会的関係は成文化された契約によって守られるものである。

fig.1　12世紀半ば頃の地中海周辺地図。中世、地中海世界、イスラーム世界とヨーロッパ(ラテン)世界の文明覇権の抗争が行われた。

イスラームの社会集団とワクフ

それに対し、イスラーム世界は「集団主義的」社会である。人々はイスラームの宗教的、民族的、血縁的集団の世界で生活しており、社会的関係は範例・慣習によって制度化され、関係はその社会集団のなかで閉じている。血縁的集団という閉じた社会は地域との関係が強いため交易の急激な地理的拡張には対応しない。そのため中世後期の地中海貿易においてイスラーム世界は停滞するのであるが、考え方によっては、ヨーロッパ世界が資本主義という制度を整え、経済の拡張拡大とともに無限に展開する空間を目指したのに対して、イスラーム世界はむしろ閉じた地縁的・血縁的集団の泡の連鎖のような定常型社会を選択したのではないかと思う。

イスラーム世界にはイスラーム法で規定されるワクフ制度という興味深い宗教的寄進制度がある。このワクフという語の原義はアラビア語で「停滞すること」「凍結すること」を意味するそうなので、停滞する「定常型社会」を支える社会制度として設けられているようにもみえる。このワクフ制度はイスラーム世界において8世紀末から9世紀に地域共同体の中心となる宗教施設の寄進から始まるのであるが、相続時に世襲財産の細分化を防ぐ手段にもなっている。キリスト教教会では血縁的社会組織を弱体化させるために遺産の寄付を奨励したが、イスラーム法におけるワクフ

fig.2 アブラハム・オルテリウスによる世界地図（1570）。16世紀、大航海時代、世界はヨーロッパ文明が提示する「近代」というパラダイムに覆い尽くされる。©The Library of Congress

制度では寄進した財産の運用や管理の条件を寄進者が設定できることで、形を変えて特定の子孫に財産を相続させるという仕組みが存在する。自発的喜捨を促し、それが社会を持続させる仕組みとなる制度設計があるのだ。11世紀頃からは不動産の寄進によって、寄宿制の学校や救貧院という貧困者や旅人、巡礼者の簡易宿泊施設など、公共、慈善、宗教的な使途の施設が設けられる。その不動産の寄進制度がワクフ制度という都市のなかに所有権の永久停止された空間を設けるというものである。寄進される空間なのでその空間は神が所有する空間となるわけなのだが、その実態は誰のものでもないが基本的に誰でもが使える空間となっている。いわばコモンズである。

私たちの生きる現代の資本主義社会では「高度に自由な経済活動と完全な土地私有制度であることが必須の条件」とする市場経済制度のなかにあるが、イスラーム法では土地所有の枠組みを「国有地」「私有地」「荒廃地」そして「ワクフ」の4つに区分されるそうである。ワクフは誰の所有でもなく神に寄進された不動産なのだが、それは宗教施設だけではなく学校や救貧院などであり、それは特定の誰かの利益を得るためではなく、社会を支えるインフラのような役割をするものなのかもしれない。とすると、このワクフという制度は経済活動のためにあるのではない。

この中世期のイスラーム世界とヨーロッ

パ世界は、産業革命以後の19世紀の西ヨーロッパの都市のなかで見出された、ゲマインシャフトとゲゼルシャフトという社会集団の分析に通じるものがある。

ゲゼルシャフトという近代化社会

ゲマインシャフトは地縁・血縁などの自然に人びとが結び付けられる共同社会であり、ゲゼルシャフトは経済活動などで機能的に関係づけられた社会集団であるとされる。近代化とはこの地縁・血縁的な共同体であるゲマインシャフトから離れて、合理的な経済活動を行うゲゼルシャフトに移行することであるとする。このドイツの社会学者、F.テンニースによるゲマインシャフトとゲゼルシャフトという社会集団の概念比較は、産業革命後のヨーロッパ社会で顕在化していた地縁や血縁による共同体を形成する農村型社会と、商業や工場などの経済活動に対応する共同体を形成する都市型社会との社会様態を比較する記述である。それは社会進化論ではなく、19世紀半ばに始まるとする、近代化の進行のなかでふたつの異なる社会集団の分節が明確になっていることを分析するものであるようにみえる。実際この時期の西ヨーロッパの都市は工場が集積し、その工場で働く都市労働者が農村から大量に都市に流入した。新しい都市住民は血縁的・地縁的社会集団から切り離された人々である。近代化の進行のなかでゲゼルシャフト的社会集団は拡大する。ゲマインシャフトは人々が結びつく集団主義を原理とし、ゲゼルシャフトは人々を切り離す個人主義を原理としている。

このゲマインシャフトとゲゼルシャフトの社会集団の記述は、12世紀の地中海世界を分析する『比較歴史制度分析』にあるイスラーム世界とヨーロッパ世界の対比にも対応している。ゲゼルシャフトという社会集団の顕在化を近代とするならば、その近代化は12世紀の地中海世界(北イタリア)ですでに始まっている。資本主義経済を支える遠隔地の交易を可能とする社会制度はゲゼルシャフト的社会集団でなければ対応できない。この経済活動に対応する社会は、キリスト教教会が進める個人主義社会を基盤とした合理的な経済活動をおこなうものである。この人間の行動様式が規定するヨーロッパ世界の文明は、拡張拡大を欲する資本主義という経済システムに適合し世界を覇権する。その社会システムが「近代」である。

J.ハーバーマスは『近代－未完のプロジェクト』(岩波書店)のなかで、近代化のアポリア(解けない難題)として、「社会の近代化が、経済成長や国家による組織的活動のもつ強制力に促されて、自然に生い育った生活様式の生態系に闖入して来ることへの、つまり、歴史的な生活世界のもつ対話的な内部構造を侵食することへの反発」と書く。このアポリアがあるためにポストモダンまたはプレモダンへの憧憬が生まれるとしている。1981年に書かれたこの小論は当時の近代批判に対応するもので、「近代(モデルネ)の文化と日常の生活実践とを各側面において精密に再接続することがうまく行くためには、社会の近代化をもこれまでとは異なった、非資本主義的な方向へ導くことが必要であり、また、生活世界がそれ自身の中から経済的および行政的行為システムの自己運動を制限しうる諸制度を生み出し得ねばならない」とする。そこでは近代の概念において、資本主義という経済活動と生活世界の切断、さらにその二項の超越を示唆している。

マーケットとコモンズ

原始共同社会では人間の活動は自然の循環システムに完全に組み込まれており、自然の保護を受けることによって生存を可能にしていた。そこでは自然環境とは共生するものなので所有という概念は存在しない。日本では共同で管理する自然資源は所有するものではない「入会」というコモンズに近似する概念があり、林野、漁業、水利など、山野河海すべてにみられた。明治になって近代的所有権制度が導入され「入会」は共有名義となり存続されるのであるが、共有という私有を認めたため、入会地全体がもっていた有機的機能は失われたとされる。

先述したように、中世後期のヨーロッパ世界で市場経済制度という透明性の高い社会システムがつくられる。この市場経済制度とは交換のシステムであるから、それを効率よく作動させるためには経済活動の対象となるものの所有を明らかにする必要がある。そして、自然環境そして都市空間も私有されるものとなる。近代という文明はこの時期のヨーロッパ世界に始まるものとみることができるのだが、それは資本主義の始まりでもあり、それは共有地(資産)=コモンズの解体の始まりでもある。

資本主義社会では不動産の私有制を進行させ、都市空間を市場経済制度に委ねようとする。「市民革命を経て徐々に形成されていった市民的自由に関する政治思想がある。19世紀後半に支配的であったこの考え方は、居住・職業選択の自由、思想・信仰の自由などが、市民の基本的権利を構成するという考え方である。(中略)市場経済制度は、このような市民的自由の享受がもっとも効率的なかたちで実現できる制度である」(宇沢弘文・茂木愛一郎『社会的共通資本－コモンズと都市』東京大学出版会)。その市場経済制度の進展の過程で共有地というコモンズは消去されてきた。

有名な「コモンズの悲劇」というG.ハーディンの論文がある。それはイギリス中世期にあったコモンズという共有牧草地が、過剰な放牧がされるために枯渇してしまうという、共有という概念の運用の不可能性を示している。資源の私有化と市場機構の効率性を論証するものである。この「コモンズの悲劇」に対しては反論もあるようであるが、資本主義社会において、歴史的に存在していた数多くのコモンズが近代化の過程のなかで消滅している。

大航海時代を経て近代というヨーロッパ文明は世界に拡がり、植民地という空間の占有が行われる。そして、産業革命以降は生産の産業化によって、資本主義という効率化を求める組織制度がきわめて速いペースで進展する。自由な市場経済の社会では資本家による富の独占が進み、労働者の失業・貧困という生活環境の悪化が顕在化する。この社会矛盾に直面して生産手段を共有するという思想が共産主義という資本主義に対抗する社会制度である。20世紀はこの共産主義と資本主義の抗争の世紀である。中世後期、地中海世界に始まったマーケットとコモンズの抗争が、さらに世界規模に拡張したものであるように思える。そして1991年のソビエト連邦崩壊以降、世界は資本主義の独占する社会となる。

しかし2008年の市場経済のクラッシュを受けて、現在は行き過ぎた金融資本主義による社会矛盾がさらに深刻な問題として表出している。現代のイスラーム世界からの近代文明に対するテロ行為は、宗教対立によるものというよりはこのマーケットとコモンズの抗争という文明対立であるとみることもできるのかもしれない。さらにそれは、ネグリ＝ハートによるマルチチュードという世界の階層分化まで言及できるものなのかもしれない。

コモンズの可能性

イスラーム世界のワクフ制度は、所有を排除する、または誰のものでもないが誰もが使える施設である。共有ではないが、また同時に私有でもない。制度としてコモンズをつくりだそうとする、所有の概念を超えるものであったように思える。しかしこのコモンズの存在は市場経済制度の枠組みから外れているものなので、経済活動を拡張するものではない。というよりは生活を支えるための制度なのである。そこに経済を至上とする社会を求めるのか、生活を中心とする社会を求めるのかという非対称の命題が存在しているように思える。宇沢弘文はそれを「自由権」から「生存権」、そしてさらに「生活権」の政治思想として現代社会への対応を紹介している（宇沢弘文『社会的共通資本』岩波新書）。

20世紀は西欧世界が覇権した文明の枠組みのなかに世界が存在し、この四半世紀は資本主義の独裁のなかにある。その世界のなかでコモンズは解体され、人々は切り裂かれ孤立してきた。しかし、2008年の資本主義のクラッシュと2011年の東日本大震災を経験し、社会は覚醒したのではないかと思う。とくに日本では東日本大震災という災害を経験し、福島では20世紀に私たちが信じた科学技術に対する不信感とともに文明の喪失感を経験した。そして、何よりもこの時期から日本では総人口がピークを打ち縮減する社会を実感する。社会のありようが変化することを自覚したのだ。建築家自身にもその自らの職能に疑問をもち、新しい定義を与えようとする意識が生まれている。利益活動ではない無償のボランティアを展開したアーキエイドという無名性の建築家たちの活動。「みんなの家(home for all)」というコモンズに対応する建築概念を展開した著名建築家たちの活動に時代の乗り越えを感じた。

そして今、日本の社会に登場している状況には、これまでの感覚では建築とは言えない、隙間産業のような建築家たちの活動がある。それは、決められた敷地の中に建築という作品を建てるという行為を超えていくもので、これまでの社会の中で制度化された建築が依拠するものではない。この新しい建築には、所有された敷地を超えていく概念がある。たとえば、「パブリック」と「プライベート」とは異なる位相にある「コモンズ」にこそ、重要な建築の主題があるのかもしれないと思わせる。それは都市の中に取り残された余白のような場であり、所有のあいまいな共有地であるコモンズである。そのような所有を超えた〈間をつなぐ空間〉に重要性を感じる人々の登場がある。実はこの〈間〉をつなぐ領域こそが21世紀の主戦場であるのかもしれない。そこに介入する「新しく登場する人々」は、関係性の構築を求め、風景は連続されるものとなるのだ。

この新しい人々の登場が新しい建築を支えるのであろう。新しい時代を告げる「新しい人々」の登場によって新しい建築が生まれる。その新しい時代に敏感な感受性を持つ者だけがこの「新しい人々」に接続できるのである。この新しい建築は、経済活動や政治権力がコントロールする建築ではなく、小さな資本や民主的な活動から生まれるようにも思える。

パブリックセクターの制度不全から生まれるコモンズの空間は制度化されたものではないため未だ不安定である。生活を支えるインフラのような建築の登場が、定常型社会の運営には必要であるのだが、その現れ方はまだみえていない。その建築は社会のマネージメントとともなって存在しているので明確な物質的形態を付随しているわけではないのかもしれない。しばらくは多様な表出をするのであろう。しかし、確実にそれは21世紀の建築の主題となる。それは、所有を棚上げされた空間の制度設計によって生まれるのかもしれない。

fig.3 現代都市のタイポロジー。都市中心部はCBDというオフィスビルの集積があり、周縁は専用住宅で埋め尽くされる。
［上図：©Francisco Anzola］
［下図：提供＝architecture WORKSHOP］

参照文献

『比較歴史制度分析』アブナー・グライフ著、神取道宏&岡崎哲二監訳（NTT出版）
『資本主義の終焉と歴史の危機』水野和夫（集英社新書）
『社会的共通資本 -コモンズと都市』宇沢弘文・茂木愛一郎（東京大学出版）
『近代ー未完のプロジェクト』ユルゲン・ハーバーマス著、三島憲一訳（岩波書店）
『新世界秩序批判 帝国とマルチチュードをめぐる対話』トマス・アトゥツェルト&ヨスト・ミュラー 編、島村賢一訳（以文社）
『都市のエージェントはだれなのか』北山恒（TOTO出版）
『ワクフ文書およびワクフ調査台帳にみる15世紀中期から16世紀末期のイスタンブルの都市構造とワクフの実態』
守田正志（博士論文、東京工業大学）

住まうこと、
それはすべての人にとっての喜びと豊かさ

ジャン・フィリップ・ヴァッサル

［翻訳＝連 勇太朗］

［Jean-Philippe Vassal］ 建築家、Lacaton＆Vassal共同主宰（アンヌ・ラカトンと設立）。1954年モロッコ生まれ。1980年ボルドー建築学校卒業。1980〜85年ニジェール（西アフリカ）で都市プランナーとして働く。2012年〜ベルリンUDK教授。ベルリン工科大学客員教授、スイス連邦工科大学ローザンヌ校客員教授などを歴任。主な作品：「パレ・ド・ドーキョー」「ボワ・ル・プレートル高層住宅改修」。主な著作："Lacaton＆Vassal, 2G"など。

最小の代わりに最大を

住まうこと、それはすべての人にとっての喜びと豊かさを意味する。

住まうこと、それは機能的であるということを超え、喜びや寛容さ、そして場所を占有するという自由を人々にもたらす。住まうということは、自分自身にまつわること、そして自分を超えたことについて思考することでもある。建築や都市を「住まい」からデザインしていくことは、空間を内側から外側へと構築していくことである。住まいのための空間は寛容であり、居心地がよく、柔軟であり、贅沢で、そして何より経済的でなければならない。住まいは、進化と再解釈をもたらす可能性を生み出すために、使い方の自由を提供するものでなければならないのである。

私たちは建築のモダン・ムーブメントの力を信じている。ミース・ファン・デル・ローエ、アルヴァ・アアルト、ハンス・シャロウンの建築を、あるいは先日訪れた槇文彦の代官山ヒルサイドテラスなどの偉大な建築を尊重している。そこでは、明確な外部との関係性、自然とのつながり、気候やコンテクストとのつながりが失われることは決してない。

私たちは、今日の標準的な集合住宅のプロジェクトに見られるような、寛容性の欠如、居心地の悪さ、そして喜びや容易さの欠如を受け入れることはできない。標準的な住まいは、小さすぎる上に窮屈でぎこちない。窓のサイズは小さく、外と断絶され、住人を囚人のように扱っている。私たちは、自然との関係、内外の関係、気候との関係を取り戻さなければいけない。それは「自由」をいかに取り戻すのか、という挑戦

fig.1 ラカトン&ヴァッサル「ラタピ邸」(1993) ©Lacaton & Vassal

でもある。

今日の社会において、そうした空間を獲得するために鍵となるのは経済性である。「人々にとっての豊かな空間」をつくることはどのように可能か。こうしたことを実現するためには、最小(ミニマム)ではなく最大(マキシマム)を追求しなければいけない。最小でもって最大を実現する方法はどのようにして可能か。空間の容量、質、可能性、そして喜びと自由を最大化するために、費用、素材、エネルギーを最小化していく。それは同時に、設計者が考える時間を増やすこと、もっと多くの発明を生み出していくことを意味する。思考の精度をあげ、繊細さと慎重さを生み出さなければいけない。こうした考え方を通して、クライアントに対してよりよい成果を確実に生み出すことができれば、建築家やエンジニアはより多くの対価を得ることができるようになる。これが、今日のクライアント、行政、そして社会が必要としている建築家の役割であると私たちは確信している。

同じ費用で、倍の空間を

「ラタピ邸」

「ラタピ邸」fig.1は1993年にボルドーで実現した最初のプロジェクトである。クライアントは二人の子供がいる家族。予算がとても少なく、そのままでは70㎡程度の最小限のサイズの工業化住宅しか手に入れることができず、彼らはそれには満足していなかった。私たちは、空間の面積と容積を拡張し、同じ予算で倍の面積を増やすことができないかを検討し、同時に内部と外部の関係、気候との関係がより良くなる方法を模索した。

最終的には、70㎡の標準的な住宅の代わりに、まったく同じコストで180㎡の空間を生み出すことに成功した。また、季節と気候の変化に合わせて空間を開閉し、伸縮できる仕組みを取り入れた。そうしたさまざまな可能性を提供することで住み手の希望を満たし、生活の自由を生み出そうと試みたのである。

「ミュールーズの公営住宅」

同じような挑戦を、フランス北西部のミュールーズにあるソーシャル・ハウジングの会社SOMCOのディレクターと出会ったことがきっかけで始めることになった。彼はソーシャル・ハウジングのプロジェクトに20年間携わってきたが、いつも同じ標準的なものをつくり続けており、そこに本質的な満足を見出すことができずにいた。彼は5組の建築家に、14住戸あるソーシャル・ハウジングを設計することを依頼した。坂茂、ジャン・ヌーベル、マチュー・ポアトバン、ダンカン・ルイス、そして私たちだ。ディレクターの要望は「自由に設計し、今までにない新しい集合住宅をつくって欲しい。ただし一般的なハウジング・プロジェクトの予算を厳守すること」という明快なものであった。私たちは、一般的な費用と同額で、標準的な住戸より圧倒的に大きく、そして質の高いものをつくろうと考えた。

このプロジェクトでは、「ロフト・アパートメント」[訳注:工場や倉庫などの大空間を転用した集合住宅]の原則を用いることにし、ふたつの合理的なシステムを重ね合わせた。ひとつはスラブに関するもので、床面積を増やすもの。規格化されたシステムを使うことでプレファブ・コンクリートの柱と梁と床をつくり、壁は最小限にする。もうひとつは、気候をコントロールするためのシステムであり、野菜や花などを栽培する際に用いるビニールハウスで使われているシステムを応用した[fig.2]。

経済的で合理的なこのふたつのシステム——「スラブを生み出すシステム」と「気候をコントロールするシステム」——によって、皮膜的な部分とボリュームの部分は対比的でかつ補完的なものとなり、驚くべき

fig.2 ラカトン&ヴァッサル「ミュールーズの公営住宅」(2005) ©Lacaton & Vassal

空間の質を生み出している。

建物の内部は、仕切り壁によって、メゾネット形式で交差するように14世帯へと分割されている。各住戸の一階と上階、そして南・北・西の各面でそれぞれの空間の質を保ちつつ、標準的なものより手頃で、かつ広々とした住戸を提供できるようになっている。このようにして、80㎡の標準的なソーシャル・ハウジングの住戸とまったく同じコストで、180㎡の空間をつくることができた。ここでは、例えば4つの寝室付きの住戸には一階と上階ともに部屋がある。その空間構成としては、ふたつの寝室と浴室が一階に、大きい居間はもうふたつの寝室とともに上階に、そして屋外には小さな庭とプールが配置されている。またキッチンと居間をウィンター・ガーデンに対して開くことで、断熱されたエリアと気候を調整する中間的なエリアに、関係性をつくり出している。

また、パッシブソーラー・ヒーティングという、単純なシステムによって気候を操作することで、住戸は冬と夏で同じ環境条件ではなくなる。このアパートでは、住人は自分自身で、空間的フィルターの組み合わせを操作し、気候や環境を調整することが可能である。結果、そこでの多様な利便性や喜びを通じて、シンプルな生活を実現することができるのである。

「より多く」を実現するための“with”“plus”をスタディする

「より多く」を「より少ない」によって獲得するもうひとつの方法、それが「プラス(plus)」である。それは「付加する」ということであり、すでに存在するものを扱うことである。

fig.3 「プラス」の手法ダイアグラム。既存の壁を壊し(中図)、ベランダを付け加えることで(P.81の右図)、居室はより利便性が高くなり、さまざまな可能性を持つ ©Druot-Lacaton & Vassal

私は、フレデリック・ドゥルオーとアンヌ・ラカトンとともに6〜7年かけて、既存の建物を取り壊す代わりに、むしろどのように既存に付け足すことができるか、あるいはすでに存在するものを尊重しながらどのような更新ができるかという問いを掲げ、スタディをしてきた。このスタディは、1960〜70年代にフランスの郊外(とくにパリ周辺)で大量に建てられたソーシャル・ハウジングを取り壊すという国家主導の都市再開発プログラムに対するオルタナティブである。現在のフランスでは、ソーシャル・ハウジングに対して多くの入居希望があり、入居を待っている世帯が100万もあるのに、建物が取り壊され、改修の可能性が失われてしまっていることは異常な状況である。多くの人が住まいを求めている中、150億ユーロを使って11万3,000戸が壊され、たったの10万5,000戸しか再建されていない。150億ユーロが、8,000戸を失うために使われているのだ。そしてその背後で、改修するための費用はわずかしか使われていない。これは非常に非効率的なことである。フランスでソーシャル・ハウジングの建設が間に合っていないという状況に対して、私たちは「既存に足していく」という新しい解決策を構想した fig3。

ここでは内側から思考することで、外部との新しい関係性を定義しようとした。喜びと快適さを獲得するために、小さな窓を大きくし、壁に穴をあけて風景を取り戻し、そしてファサードの外側へと空間を2〜3m広げようと考えた。既存を取り壊す代わりに、例えば住人が集まって映画を見る場所、週末にディナーを用意しトランプなどで遊ぶ場所などを想像してみる。こうしたことは、建物を取り壊わすかわりに既存の建物を使えば実現できる非常に単純なことである。既存を再利用することで、新しいプログラムを発明することができるの

だ。スクラップ・アンド・ビルドに比べて2〜3倍の少ない経済性で、エネルギーを節約し、サスティナビリティを生み、より多くの場所が提供され、喜びに満ちたものとなる。そして結果として、「建物の内側」から思考し空間をつくり出していくという方法は、驚くべきことに「建物の外側」にも変化をもたらす。新しくなった外観はアパートのイメージを変え、人々がソーシャル・ハウジングを眺めるときのネガティブな意識を変えるのである。

壊すのではなく足していく：バルコニー、窓、インフラ設備「ボワ・ル・プレートル高層住宅改修」

パリ市からの協力によって、パリにあるボワ・ル・プレートルのプロジェクトも同じ手法で進められた。普通であれば取り壊されてしまう高層のソーシャル・ハウジングが、パリ北西部の都市高速道路の近くにあった。解体に代わる、より経済的なオルタナティブな案を求め、パリ・ハビタット（パリ市の住宅局）によってコンペティションが実施された。この高層の集合住宅は1960年代に建築家レイモンド・ロペスによってデザインされた非常に面白いプロジェクトだが、断熱のために1980年代に醜い色で塗装されたアスベスト・パネルが既存ファサードに取り付けられ、窓のサイズも小さくなるなど、ひどいかたちで改修されてしまっていた。この住宅で生活することは困難だ。外には素晴らしい眺めがあるはずなのに、風景を見ることさえできない。

ここでも、私たちは建物を取り壊す代わりに「足していく」ことを提案した。また、建設中も住人が入居したままでいられるよう、注意深くアスベストのファサードを取り外し、外側から足場のように組み立てていくことができるモデュラー・ユニットを開発した。このユニットには床から天井まで

fig.4 ラカトン&ヴァッサル「ボワ・ル・プレートル高層住宅改修」(2011) ©Druot

の高さのある大きなガラスの引き戸を取り付け、太陽の日射光から部屋を守るカーテンと断熱効果のある厚いカーテンの2枚をつけている。そして、奥行き2mのバルコニーをこのウィンター・ガーデンに取り付けた。各ユニットは独自に基礎を持ち、既存の建物によって安定するかたちで結合され、タワーを更新していった。これらによって、今まで存在しなかった新しいタイポロジーの集合住宅が出現したことが外側からも分かるようになった。

私たちは入居者に対してプロジェクトを説明し、彼らの希望や要望を聞き出すために、たくさんの対話を繰り返し行った。ひとつ一つの住戸がどのような課題を抱えているのか正確に読み取ろうとしたのだ。住人の中には、もともと住んでいる部屋に残りたい人もいれば、ウィンター・ガーデンの拡張工事だけを望んでいる人もおり、同時に部屋を変えたいと思っている人もいた。このプロジェクトにおいて、タワー内での引っ越しは可能であり、改修工事も住人が入居したまま実行された。改修工事のプロセスは、毎日、7つのユニットが既存ファサードに設置されるというかたちで行われた。

これまでの生活の記憶が失われないよう、現状の生活は維持しつつ、同時に新たな可能性も創造していく。こうして、すべての家族がそのまま住み続けながら、それぞれ新たに、引き戸によって開閉されるウィンター・ガーデンのある寝室や居間を持つことができた。ウィンター・ガーデンによって、あらたな空間が生まれ、エネルギーを節約することにもつながり、パリやエッ

fig.5 ラカトン＆ヴァッサル「530戸の改修・ブロックG.H.I.」(2011-) ©Philippe Ruault

フェル塔の眺望を再び取り戻すこともできたfig.4。

このプロジェクトでは床面積を40%増やすことができた。ひとつのウィンター・ガーデンの面積は22〜60㎡程度である。エネルギーも50%節約することに成功している。すべてを取り壊し、建て直すのには2,000万ユーロかかるが、このプロジェクトの全体コストはたったの1,000万ユーロであった。例えば建物1棟を取り壊し、新しく1棟建て直すと、最終的に1棟しか残らない。しかし「プラス」を実践すると、1棟に対して0.5を足すことにより、最終的に1.5棟にすることができる。こうした理屈によって、住人は今日の標準的な住居に比べてより質の高い住まいを手にすることができるのだ。

別の足し算の方法と高密度化「530戸の改修・ブロックG.H.I.」

私たちがボルドーで取り組んだ、「プラス」の方法による別のプロジェクト「530戸の改修・ブロックG.H.I.」は、15階建ての、長さ200mの3つのブロックにより構成される集合住宅である。プロジェクトの構造が違えば、当然、課題も異なるが、解決の方向性は応用できる。住人にとっての使い心地を変えるために、ここでも奥行き3mのウィンター・ガーデンと、奥行き1mのバルコニーを付加したfig.5。そもそも空室は2%であり、ほとんどの住戸が入居中であった。そのため、このプロジェクトでも、入居者が住んでいる状況のなか、改修が実施された。

「ラ・シネの集合住宅改修」

このプロジェクトでは、「内側から思考する」ということが、いかに都市計画の領域にも繋がっていくかということを明らかにしてくれる。例えば、浴室から思考していくことで、非常に知的な都市計画を実践することができるのだ。

このプロジェクトが立地する場所は、フランスの典型的な郊外にある。住人の生活は建物のなかで完結しており、その周辺は質の低いがらんとした空間が空きスペースとして溢れていた。改修対象の建物は、コンクリート造の10階建の集合住宅であり、各階は4住戸で構成され、合計で40戸ある。ひとつの住戸には、2㎡程度のとても小さな浴室と小さな居間、そして小さなバルコニーがある。

もともと寝室だった場所を浴室にすれば、9㎡に広げることができ、大きな窓をつけることができる。玄関脇にある浴室があった場所は収納部屋として残しておき、寝室は建物の外側を増築することで新たに設えることにした。ウィンター・ガーデンとバルコニーもそれに合わせて大きな寸法に調整し、4住戸×10階分をこれで更新していくことになった。

また、この既存部分への増築と同時に、高密度化することで、さらに住戸を二倍に増やす方法を検討した。既存の40戸に加え、新たなルートとエレベーター、そして新しいエントランス・ホールとともに片側に新しく20戸、もう片側に20戸建てることを計画した fig.6。今のエレベーターは既存の40戸に対しても小さすぎ、新しいエレベーターによって新旧いずれの各住戸、各場所へのアクセスは容易になるだろう。既存の各住戸の浴室が移動し、新しいウィンター・ガーデンと新しい寝室がファサードに加わり、さらに既存棟の両サイドに新たに計40戸を配置して住戸を倍の数にする。そしてキッチン、トイレ、浴室など主要な部屋を一番良い場所に配置した。

このようにして、浴室から都市計画まで、密度を上げることで、もっと多くの人に多くの場を与えることが可能になる。

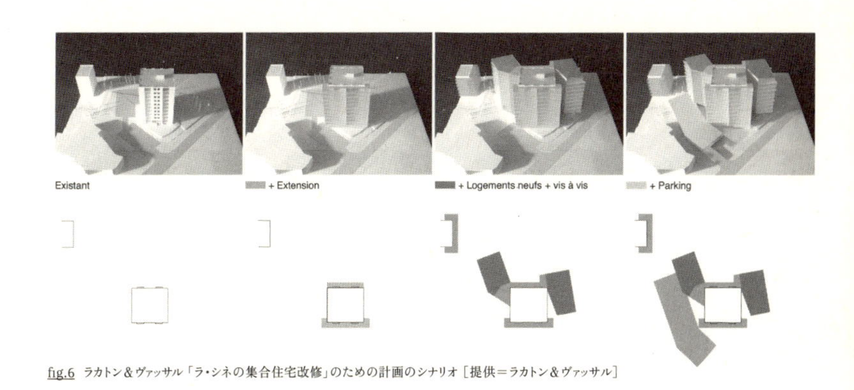

fig.6 ラカトン＆ヴァッサル「ラ・シネの集合住宅改修」のための計画のシナリオ［提供＝ラカトン＆ヴァッサル］

オプティミズムに満たされた都市

都市には、地図では読み取れない「状況」がたくさん存在する。そのひとつ一つの「状況」を、もっと丁寧に、そして正確に捉えていくことが重要だ。こうしたあらゆる「状況」から、既存をアップグレードしていく。10%、20%、50%…、さらにより多くの住戸、設備、店舗を増やすことが可能になる。住戸数の密度を上げていくことで、新たな店舗も生まれ、新たな設備も設置され、都市における郊外の状況を少しずつ変えていくことができる。

ボルドーやその周辺には、都市を更新し、好転させるためのいくつもの可能性が潜んでいる。すべてはすでにある状況から出発する。タブラ・ラサからではないのだ。「状況」から出発するためには、課題を理解しなければいけない。何が問いになっているのか？ 希望を聞き、課題を考え、そしてすべてを尊重する。経済性も重要だが、その一方で不可視のリスクにも注意を払いつつ、既存を更新していかなければいけない。すべての状況は、喜びとともに前向きな、あらゆる可能性、そしてオプティミズムに満たされている。

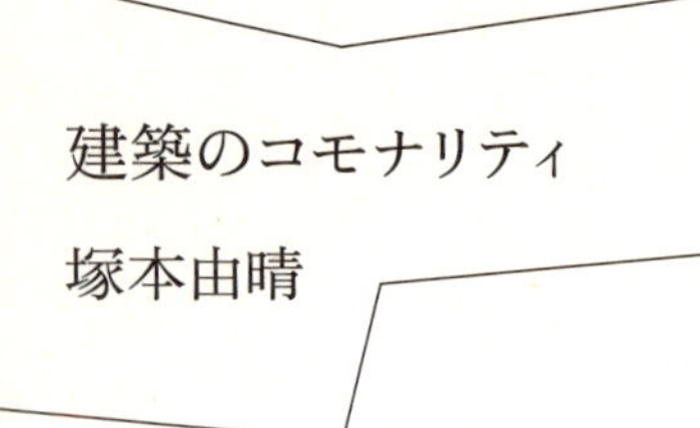

建築のコモナリティ

塚本由晴

［Yoshiharu Tsukamoto］ 建築家、東京工業大学大学院教授。博士（工学）。アトリエ・ワン共同主宰（貝島桃代と設立）。1965年神奈川県生まれ。1994年東京工業大学大学院博士課程修了。ハーバード大学大学院客員教員、UCLA客員准教授などを歴任。主な作品：「ハウス&アトリエ・ワン」「みやしたこうえん」「BMW Guggenheim Lab」。主な著作：『メイド・イン・トーキョー』『Windowscape 窓のふるまい学』『コモナリティーズ』『Behaviorology』など。

我々は豊かになったのか？

建築の「コモナリティ（共有性）」ということを考えたいと思います。「我々の社会は豊かになったけれど幸せかどうか分からない」といった言い方が、最近よく聞かれます。これに意外と誰も反論できない。自分がどこにいるのか、どうやって生きていくのか分からない、という漠然とした不安や不満がここに現れていると思うのですが、こうした状況に対して、建築は責任があるのではないかと思っています。

戦後、日本では建設産業が成長することが、国の復興やGDPを延ばすために有効であったことは明らかなことで、経済成長に対して建築は素晴らしい貢献をしてきました。近代以前にはなかったような巨大な構築物や文化施設を、技術でつくってきた。例えば公的なお金を使ってつくる図書館やコンサートホールというものは、それまではほとんどの地域にはなかった。だからこうした施設を、機能主義的な理論や、鉄骨造やRC造といった近代的技術でつくること自体には、何の問題もありません。もちろんその出来については良し悪しがありますが、どこも初めてのことだったので、多少良くないところがあっても大目に見ようということだったと思います。

ただ、住宅はひとつひとつは小さい分、大量に作られますから、そこに機能主義や工業化された技術が入り込んで、家づくりを産業化してしまった点には、色々な問題があったと思います。本来、家づくりは「風景」や「文化」の領域に属していたものですが、第二次大戦後それを産業の領域に移したことで、日本は経済成長の推進力を得ました。不燃化や耐震化のための法制度をつくり、古い家を壊して新しいのに建て替えることにインセンティブを与え、生産性を高めていく。そういうことが国家単位でおこなわれた結果、大量の「安全な住まい」ができたけれど、家づくりを専門家や産業に任せることになった副産物として、自分の街にどんな家を建てたらいいのかが分からない人間も大量生産されてしまった。知識やスキルを共有していた「人々」は、そういった背景や内面を持たない「個」の集合につくり変えられてしまいました。生産の側も、誰でも利用可能な技術の体系から生産性重視の技術の体系に組み替えられていった。このことは私にとって、「自分たちがどこにいて、何をしているのか」を考えるときに避けて通ることはできない問題です。

偉大な人びとが不在の街並み

日本の現代建築は世界的にも非常に評価が高い。それは日本の伝統木造建築の洗練があり、さらに20世紀のあいだに色々な実験的な取り組みを建築家が継続的に行なう機会が十分あったからです。その機会は建築を文化から産業へと移し替え、生産性を高めることによりもたらされました。自由な「個」を尊重した建築の議論も生まれました。その体制が戦後だけでも70年続き、現在のような個の建築が雑多に集積した都市になってしまうと、皮肉なことに今度は何を本当につくるべきなのかが分からなくなってしまった。この街のこの通りにはこういうスタイルの建築がふさわしい、というようなことが、建築家も含めて皆分からない。これが、人々の漠然とした不安や自信のなさにつながっているのだと思います。

日本には卓越した現代建築を設計する「偉大な個人」はいますが、素晴らしい街並みをつくってそれを維持している「偉大な人々」がいません。そのために街並みや都市空間と一体化できないという矛盾を人々も建築家も抱えているのではないでしょうか。これは社会的幸福が損なわれていると言っても良いでしょう。

fig.1 飛騨古川の街並み［提供＝東京工業大学塚本由晴研究室］

この問題への処方箋がタイポロジーです。タイポロジーがあれば、「自分の街ではこういうものをつくるんだ」ということを建築家も一般の人も共有することができるはずです。建築をつくるスキル・知識を共有するということは、街並みや都市空間を持続させる上でもっとも強力だと思います。私が「コモナリティ」という言葉を使って、人の集まりを指すことが多い「コミュニティ」や、共有の土地などを指すことが多い「コモンズ」と区別している理由は、ふるまい、スキル、知識の共有を強調したいからです。

21世紀の建築には、当然20世紀の建築の反省が投影されるべきです。20世紀の「個」に軸足を置いた建築の冒険というものがそろそろ天井に頭がついていて、これからは別の冒険を始めなければいけない。そのときに軸足を「個」から「共」つまりコモナリティのほうに置き換える、ということをやってみたいと思っています。

街並みのつくられ方
——系譜・制度・生産

大学の研究室で、“Windowspace”という窓の調査を7年間くらい続けていて、世界各地の窓を訪れていますが、飛騨古川を調査したとき、人々が自分たちの家をどうやって建てたらいいかをよく知っていることに衝撃を受けました。飛騨古川は飛騨高山のすぐそばにあるので、同じように伝統的建造物群保存地区に指定されそうになったのですが、彼らは自分たちで街並みは守れると指定を受けずに守り続けています。飛騨古川は職人の街なので、自分たちで色々とできるんですね。一見、伝統的なファサードに見えますが、実際はアルミの格子が入っていたり、新しい素材を使いながら町屋の形式を維持しています[fig.1]。ここには「相場崩し」という面白い言葉があります。この場所での建物の建て方(タイポロジー)に敬意を払わなかったり、その共有性を損ねるやり方で変な建物をつくる人に対して使う言葉です。こういう批判する言葉がしっかりあるところが非常に面白い。

ずっと調査を続けていった末に、窓を見る図式としてこのようなもの[fig.2]に行き着きました。「系譜」「制度」「生産」という3つの軸があり、これらがお互いにどのように作用するのかによって、窓と街並みが決まるのだと考えています。

たとえば、20世紀の日本の住宅は、一般的に「系譜」を弱めて防火や耐震性能を高める新たな「制度」をつくり、これによって古い住宅の更新を進めて「生産」の効率性を高めました。逆に、飛騨古川ではもちろん「制度」を無視しているわけではありませんが、「系譜」が大事にされているので、古いものを壊さない。結果「生産」はある程度抑制される結果になります。これでは生産性は高まらずGDPもすぐには上がらないのですが、素晴らしい街並みと「偉大な人々」の存在が感じられる場所が維持されます。京都の古い町家が並んでいる通りですら、近代的な建築に建て替えるインセンティブが働いています。そこに最新の個性的な住宅が建ったとしても、それが「偉大」なのかどうか? こうした問題意識のなかで住宅も扱われなければなりません。

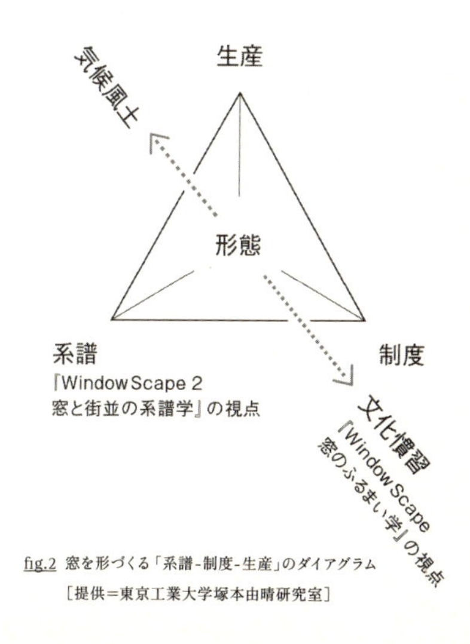

fig.2 窓を形づくる「系譜-制度-生産」のダイアグラム
[提供=東京工業大学塚本由晴研究室]

fig.3 アトリエ・ワン「スプリットまちや」(2010)［提供＝アトリエ・ワン］

東京は戸建て住宅でつくられていますが、土地の細分化が進んで、間口が狭くて奥行きが深い土地が増えています。これは町家の敷地形状です。ここで町家のタイポロジーに召喚されるように、アトリエ・ワンは「まちやシリーズ」をつくっています。たとえば「スプリットまちや」(2010) fig.3 は真ん中に中庭によって建物が分離している住宅ですが、町屋のタイポロジーの特徴である坪庭や、視線や動線の貫通を再解釈して新しい世代の町家として成立させようとしたものです。

「空っぽ」ではない身体のためのパブリックスペース

パブリックスペースについてもお話しします。バルセロナの山側の中腹にある眺めが素晴らしい場所に、アンダルシア系移民が移り住んだ地区があります。最初は不法占拠だったのですが、今は法的にも認められて街の一部になっている場所です。最近は地下鉄もつくられて、その屋根が斜面の途中に出てくるところに広場が設置されました。

広場からバルセロナの街とその向こう側の海を見渡すことができる側にはシャープな手すりがデザインされていますが、そこには誰もいません。そこに集っている男たちは、広場の中央におかれたベンチに座るでもなく、そこに向かって(バルセロナに背を向けて)何やら議論をしています。近寄ってみると、男たちが持ち寄った鳥かごを、ベンチに置いて鳥の声や羽の色を楽しんでいる。これはアンダルシアの男たちの間で古くから伝わる趣味なのです。おそらく、この広場をデザインした建築家はこういう人々のふるまいを知らなかったか、無視した。だから「良い眺め」には配慮したものの「鳥を愛でる」ことには配慮しなかった。その結果、彼らのふるまいは広場に先行していたのに、広場の登場によって洗練されたものに見えなくなってしまった。もし建築家がバルセロナの街を眺めながら同時に鳥を愛でられる場所をちゃんと設計できていたら、この人たちのユニークなふるまいは、とても豊かなものに見えたのではないでしょうか。

パブリックスペースがうまく機能していないときは、人々がどうふるまっていいのかが分からないか、建築家が人々のふるまいをしっかり捉えられていないか、というふたつの要因があります。バルセロナの広場は後者です。共有するものを持たない「空っぽな身体」の人間を想定して建築家がパブリックスペースをつくったところで、うまくいきません。逆に、地域の人々が共有するある種のスキルや知識、ふるまいを汲み取り、それをちゃんと組み込んだスペースをつくれば、人々は楽しんでその場所を使うし、地域の外から来た人たちが偶然立ち寄るときも同じように楽しいはずなんです。それこそが地域のアイデンティティになるし、人々の自信にもつながるはずです。

アトリエ・ワンのプロジェクトを紹介します。埼玉県北本市の駅前広場(「北本駅西口駅前広場改修工事」)fig.4ですが、この駅前広場はもともと1970年代に整備されたもので、完全に自動車向けでした。北本は都心へのアクセスが良いので、たくさんの人がこの駅を使って通勤します。現在は、最初の移住者たちが定年退職した段階で、第二世代が都心に移ることが多いために人口ピラミッドが逆さになっている状態です。くわえて、この場所は農業が盛んなのですが、全体の人口の10〜15%くらいを占める農家の人たちと、新しく入って来た住人との接点があまりない。こうしたコミュニティを再建するため、人々が出会う場所として駅前広場をつくりなおすことになりました。

この北本「顔」プロジェクトでは、面白いことに、駅前広場のデザインとともに、駅前商店街の活性化や街づくりへの機運醸成も依頼されました。そこでまず、行政、地域住民、そしてアトリエ・ワンをつなぐプロジェクト・マネージャーを雇ってもらいました。そして「つくる会議」と「使う会議」というふたつの会議をつくりました。「つくる会議」では行政や警察、消防の方々とデザインや管理について議論し、「使う会議」では具体的に誰がどのように広場を使うのかを話し合います。このふたつの会議を並走させながら、イベントや社会実験、ワークショップも行っていきました。広場の将来像を問い掛けると、「緑のたくさんある広場」という意見が多く集まりました。北本は雑木林で有名なんですね。石油や電気が普及する前は、ここから薪を集めていましたし、化学肥料が普及する前は落ち葉を集めて畑の肥やしにしていましたが、近年は利用されずに樹木が徒長していました。それを「雑木林の会」というNGOが維持管理につとめ、少しずつ誰もが入って楽しむことができる明るい雑木林にしています。こうした雑木林の管理は30年ごとに幹を切るリズムを持っています。これを駅前に持ち込もうと、ロータリーの中央に移植をしました。朝晩だけ通勤の送迎車で賑わい、あとは誰もいない駅前空間は、東京の会社のリズムに従属していたので、北本ならではのリズムを取り戻そうという試みのひとつです。「使う会議」で出会った地域の人々は色んなスキルや知識を持っています。問題はこういう人的資源を組み合わせ、都市空間におけるふるまいとして組織する手立てがなかったということです。駅前広場がそのきっかけになって、シナジー効果が生まれることを期待しています。

ふるまいとタイポロジー

建築のコモナリティとは何かをまとめると、ひとつはタイポロジーのようなもの。誰かの個性とは言えない、誰でもアクセスできる共有資源としての、建築の知性のようなものです。タイポロジーに内蔵されている異なる事物のふるまいに対する配慮を統合する知性を現代の条件に投げ込むこと

fig.4 アトリエ・ワン「北本駅西口駅前広場改修工事」(2012)［提供＝アトリエ・ワン］

で、タイポロジーを鍛錬してアップデートしていけば良いと思います。それが私たちが住宅の設計を通して行おうとしていることでもあります。もうひとつが、ふるまいです。人々のふるまいというのも、タイポロジーと同様、個人が独占できるものではありません。「俺だけのふるまい」といったことをやっていても相手にされなくなるだけです。ふるまいは個を超えたコモナリティの次元で成立する。どちらのふるまいも必ず自然環境のふるまいに寄り添って成立します。町屋のタイポロジーは湿気や風通しや雨のふるまいと関係しています。あるいは、「花見」は桜の花が咲く頃年に一度のふるまいと、酒を飲み食事をする日々のふるまいを重ねることで春の到来を愛でるものです。どちらも、時間をかけてつくりあげられてきたものです。私たちが「ふるまい学（ビヘイビオロロジー）」と言って主張してきたのは、こうした自然のふるまいと人のふるまいを均衡するように建築や都市空間を更新をしようというものです。そうやって身近な資源へのアクセシビリティをより良いものにする。ふるまいを通して、建築はコモナリティという価値を獲得していくのだと思います。

Chapter 3

インフォーマリティ

Informality for Neighborhoods

［Yutaro Muraji］建築家、NPO法人モクチン企画代表理事。慶應義塾大学大学院（SFC）特任助教。横浜国立大学大学院／先端科学高等研究院（IAS）客員助教。1987年神奈川県生まれ。2015年慶應義塾大学大学院後期博士課程単位取得退学。2009年に「木造賃貸アパート再生ワークショップ（現：モクチン企画）」を立ち上げ、2012年に法人化。Archi-Commons（アーキ・コモンズ）という建築デザインを共有資源化するための方法論を考案し研究している。

「インフォーマリティ」をめぐる8のキーワード | 連 勇太朗

1. 資源としての空間　2. 都市の脆弱地域

3. ネットワークの質　4. 制度と自発性

5. 小さな創意工夫　6. 多様性を生み出す空間言語

7. 視線とネットワーク　8. スキルを持ち寄る

本章で扱おうとしている「インフォーマリティ」とはなにか。違法性のある開発のことか? スラムで行われる建設行為のことか? それとも勝手に人の土地を占領することか? 当たり前のことではあるが、都市空間は建築家や都市計画家による「フォーマル」な計画だけによって生み出されているわけではない。そこに住み、働き、そして生きる不特定多数の人々の無名の仕事や小さな創意工夫の蓄積によってつくられている。こうしたインフォーマルな行為のひとつひとつは小さいが、総体として見ると、そこに膨大なエネルギーがかけられていることがわかる。近代の都市計画や制度は、こうしたインフォーマルな領域のエネルギーをうまく扱えてこなかったのではないだろうか。声にならない声を専門家は取りこぼし、価値として認識されない曖昧なものは経済合理性のなかで捨て去られてきた。インフォーマルは既存の枠組みを超えるような働きをし、新たな運動をボトムアップで社会に投げ込むエンジンになり得る。その微細で、ナイーブで、個人的で弱い現象たちを、建築家は新しい社会をつくっていく有効な枠組みに変えていくことができるだろうか?

1/8

資源としての空間
Spaces as Resource

グローバル化によって異なる文化的背景を持つ人の流動が加速化することで、都市空間はこれまでにない速度と程度で多様性を許容しなければならなくなってきている。多様性は都市に創造性をもたらすが、同時に、異なる背景を持つ人々が集まることで摩擦をも生じさせる。空間そのものが限られた「資源」であると仮定すると、異なる行為を実践しようとしている主体間で空間(資源)の取り合いや衝突が発生することになる。これは移民の問題を抱える西欧諸国ではすでに顕在化している事態だが、日本においてもその兆候はあちこちに見られる。アトリエ・ワン+東京工業大学塚本研究室の「みやしたこうえん」(2011)は、もともとその場を使っていたホームレス、民間企業、そして市民のあいだに摩擦が生じたプロジェクトである。自発的な空間の利用の際に必然的に生じる衝突をどのように調整していくかが、今後の都市空間において重要な問題となってくるだろう。

アトリエ・ワン+東京工業大学塚本研究室によって改修デザインされた「みやしたこうえん」(2011)。ネーミングライツを獲得したナイキ、もともといたホームレスや市民団体、そして周辺にいたスケートボーダーやダンサーとの関係など複雑な政治的プロセスを経て実現された。[提供=アトリエ・ワン]

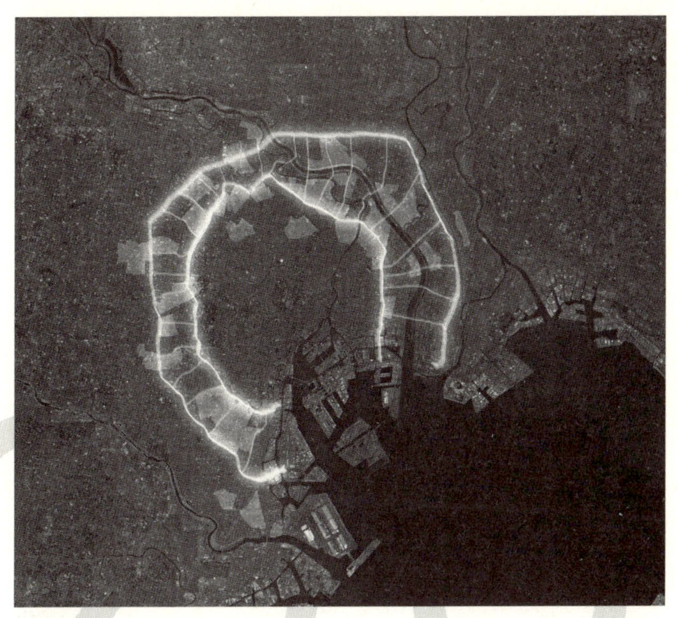

北山恒+Y-GSAによる「TOKYO URBAN RING」。東京における負の領域として認識されてきた木造密集市街地の空間形成の仕組みや新陳代謝のメカニズムに着目し、そこから新たな都市デザインや社会システムのデザインを実現しようとしている。[提供＝Y-GSA]

218

都市の脆弱地域
Vulnerable Area

災害などの社会リスクに対して極端に弱い地域を「脆弱地域」と呼ぶ。東京の山手線外側で円環状に広がる木造密集市街地や、ブラジルに広がるファベーラなどがそうした地域の例として挙げられる。これまでは「セキュリティ」や「防災」といった分かりやすい大義名分を掲げることによって、再開発や大規模建て替えなどの手法でクリアランスされることが多かったが、「強いまち」につくり変えていくことで失われることも数多くある。脆弱地域には、ある種の「弱さ」を許容することで育まれてきたさまざまな関係性があり、まちそのものが不完全であるからこそ、人やモノのさまざまなつながりによる緩やかでフレキシブルな仕組みが存在する。20世紀の計画理論は、このような不可視の関係性が担保する社会的な機能や価値を低く見積もってきたが、近代がネガティブなものとして扱ってきた脆弱地域のなかにこそ、今後の都市運営を支えるさまざまなヒントが隠されている。

ブルーノ・ラトゥール。1947年生まれのフランスの社会学者。アクターネットワーク理論とよばれる、社会を人やモノの関係性から認識しようとする社会科学における新たな哲学を提唱した。©G.Garitan

3/8

ネットワークの質　Quality of Network

歴史的な民家や町家などに代表される「イエ」と、現代社会が画一的に生産する「住宅」とは、まったく異なる文脈のもとに成立している。町家や民家はその背後にある山や畑、そして地域のコミュニティや風習までを含む関係性の中に存在してきたが、現代の住宅は建材をはじめとした生産流通システムや、証券というかたちをとってグローバル金融経済と関連しながら存在している。このように、建物の背後には必ずそれを支える「ネットワーク」が存在している。20世紀を通して増殖した個々の住宅は、歴史や地域との関係性をあえて切り離すことで成立しているため、住まい手はあらゆるサービスや機能を家族内部の問題として解決することを強要され、その弊害が近年あちこちで顕在化してきていると考えられる。ライナー・ヘールや塚本由晴がアクター・ネットワーク理論に注目するように、これからの社会においては、住環境の背後にあるネットワークそのものの質が積極的に議論され、それを扱う方法を発展させていく必要があるだろう。

制度と自発性
Institution and Initiative

リオ・デ・ジャネイロのファベーラは、近年、国家が介入することでマフィアが排除され、以前に比べ安全になりつつあるが、ディベロッパーや投資家によるフォーマルな開発や観光化が急速に進むことで、その独特の文化や風習が制度的介入によって失われる危険性に立たされている。行政などによって設計・運営される「制度」と、ユーザーが能動的にアクションを起こす「自発性」はつねに相補的な関係にあり、社会が機能するためにはその両輪が必要である。自発的な動きによって都市空間は生き生きと使われ、制度的な補助があることでより広範囲かつ安定的に都市運営を実現することができるようになる。一方で、制度的な支えが、自発性が本来持つダイナミズムを硬直化させてしまうことも事実である。建築家や都市計画家は常に制度側に属する存在であるため、ユーザーや市民による自発性の声や動きに対して丁寧に気を配り、創造的な関係性を築いていく必要があるのではないだろうか。

ファベーラ内にあるUPP(Pacifying Police Unit)のオフィス。マフィアをファベーラから排除するために組織された新たな警察隊。既存の警察はすでにマフィアと関係を持っているケースが多いため新たに編成された。[提供=連勇太朗]

小さな創意工夫
Small Inventive Ideas

インフォーマルなアクティビティや場の利用を観察する際に、それを憧憬の対象として捉えてはいけない。建築家や都市計画家の仕事は創造的な作業だが、既存の状況を否が応でも一方的に変えてしまうという点で暴力でもあり、そうして生み出された空間が人々の行動や活動を物理的に制限する点で、ある種の権力にもなり得る。乾久美子による「小さな風景からの学び」は、普段は見落としてしまうような住み手や使い手の些細な創意工夫による場のクリエイションを丁寧に観察し、収集したリサーチである。日常性と結びついた創意工夫の数々は、無意識のうちにユーザーの行為を抑制しているものや状況を、創造的に読み替えていくプロセスなのかもしれない。建築家は、この小さな創意工夫を支えているフレームワークを慎重に読み取り、ユーザーや環境との間に創造的なフィードバックの回路を生み出さなければいけないだろう。

乾久美子+東京藝術大学乾久美子研究室による「小さな風景からの学び」。2000枚に及ぶ「ささやかな日常の風景」の写真が掲載され、そこから150程度のユニットとよばれるテーマでカテゴライズされている。[提供=乾久美子]

モクチン企画による「モクチンレシピ」のウェブインターフェース。2012年にローンチされ、現在は60程度の木造アパートを改修するための部分的かつ汎用的なアイディアが掲載されている。［提供＝モクチン企画］

078

多様性を生み出す空間言語
Spatial Vocabulary that Generates Diversity

産業化によって住宅が大量生産される仕組みが整備され、「住まい」は画一的なものとなってしまった。他方で、ファベーラなどのインフォーマルに形成された居住環境は、でたらめに建設されているように見えながらも、多様性を維持しつつ地域ごとに育まれた空間言語やルールが背後にある点が興味深い。こうした言語性や反復性は、強いシステムによって合理化されると空間を硬直化させてしまうが、関係する主体によってその場の状況や文脈によって柔軟に使われることで、同じ仕組みやルールに則りながらも、多様性を持った環境を実現できる可能性を持つ。モクチン企画が開発した「モクチンレシピ」は、木造賃貸アパートを改修するための汎用的かつ部分的なアイデアをカタログ化したものであるが、不動産会社や工務店がデザインツールとして使うことで、その場に応じた多様なアウトプットをモクチンレシピという言語を通して実現することができる。

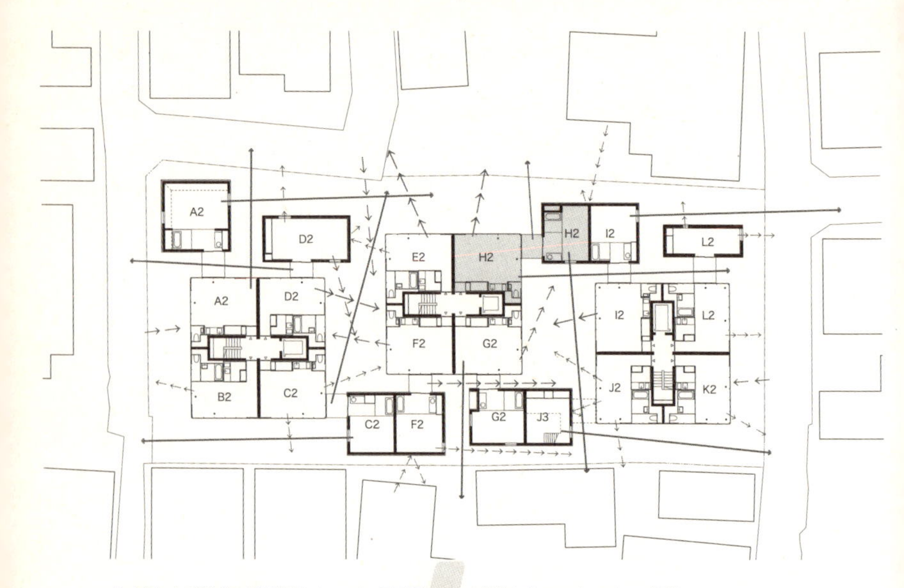

北山恒による「洗足の連結住棟」(2006)の平面図。矢印は視線を表しており、そうした視線の操作(デザイン)によって住戸や周辺環境との間で様々な関係性が創出可能であることが示されている。[提供＝architecture WORKSHOP]

7/8

視線とネットワーク
Sightlines for Network

地域や地縁にもとづいたコミュニティが崩れつつある現代社会において、人と人の関係性を再び創出することは可能なのだろうか。空間や建築の力は、無意識のレベルで人々の行為やふるまいに影響を与えられるという点にある。壁や個室によって境界がはっきりと定まった空間は個別性を高めていくが、逆にそうした境界を曖昧にしていくことで人と人の新たな関係性を創出することも可能だ。北山恒は「洗足の連結住棟」(2006)などで「視線」を設計における重要な要素として扱っている。新しいパーティションの仕組みを開発し、住居と地域のあいだにプライベートとパブリックの関係を調整する中間領域を用意することで、人と人の関係性が視線を介して自然に創出される空間をつくり出そうとしている。昔の共同体のような強い関係ではないが、ゆるやかに連携した人やモノのネットワークは視線を操作することで創出可能であり、そうした関係性が次の時代の重要な社会基盤になるのではないだろうか。

スキルを持ち寄る　Bringing Skills

近代は、定量的に計測可能な身体を手がかりに、都市計画や建築設計の理論を体系化してきた時代である。建物を空っぽのハコとして生産し、そこで活動する人々との積極的な関係性をデザインすることには関心が向けられていなかったと言える。しかし、本書でも繰り返し論じられているように、現在、プロジェクトに参加する人や関係者に合った固有性のある場や空間の設計が求められている。このとき計画側は、平均的な人間像を想定して一方的に「できること」と「できないこと」の線引きをするのではなく、関係者一人ひとりの特徴を見極め、それぞれの人間を何らかのスキルをそなえた個性的な存在として捉えていく視点が必要とされる。一人ひとりが自分の持っているスキルを持ち寄ることで、はじめてユーザーや住まい手自身による能動的で活き活きとした住環境の創造と運営が実現する。そのような認識を持つことで、はじめて建築家や計画者は「参加のデザイン」に取り組むことが可能になる。

8/8

アムステルダムのアイブルフでの家族を超えた共同体の姿。スキルを持った個人が集まることで魅力的なネイバーフッドが創出されている。©Stichting Vrijburcht Urban Design/Landscape Design:Buro VLUGP, Architectural Design:CASA Architecten, Photo:DigDaan

インフォーマルのパターン：概説

ロドリゴ・ペレス・デ・アルセ

［翻訳＝土居 純］

［Rodrigo Pérez De Arce］ 建築家、ランドスケープ・アーキテクト。Pontificia Universidad Católica de Chile School of Architecture（PUC）教授。1948年生まれ。PUC、AAスクールで学んだ後、Universidad Central de VenezuelaでPh.D.取得。AAスクールでユニット・マスター、ペンシルヴェニア大学やハーヴァード大学などで客員教授などを歴任。主な作品：Estacion Mapocho Cultural Center, Santiagoなど。

フランス人哲学者ミシェル・フーコーによると、スーパー・インフォーマルなものは、しばしば監視と結びついているという。たとえばパノプティコンという究極の監獄の図式●1やパリの大通り（ブールヴァール）が、国家権力の道具と化すように。フォーマルなものを見ると、人は即座に政治と美学を結合し、そこに権力行使の機会を見て取る（Foucault, 1975）。

また別のフランス人哲学者ミシェル・ド・セルトーは“*L'Invention du quotidien, Arts de faire*（日常的実践のポイエティーク）”の中で、先の見解とは反対に、いかにインフォーマルなものがフォーマルなものに忍び入っているか、権力行使にわずかな隙でもあれば市民はすかさずそこにつけ入ってくるではないか、と指摘する。曰く、公有地とは戦術の場（フィールド）である。ラテンアメリカではインフォーマルなものはフォーマルなものから厳しい束縛を受けてこそたくましく育つのであり、例えば路上を不法に占拠する露天商の行為がそれにあたる（De Certeau, 1980）。

このように地域や都市のレベルで見ると、フォーマルなものにははっきりとした輪郭、抽象的な構想、制度的な後ろ盾、長期目標があるが、対してインフォーマルなものは必要があるとたちまち急増するものの、複数の行為がたまたま重なって生ずるだけなので、そこにはこれといって目指すべき全体像も空間もなく、まして長期目標など存在しない。フォーマルなものは普通くっきりとした輪郭を示し（いかに見た目が複雑な集合体であれ、流動的な形態構造であれ、それはそれでフォーマルな計画を忠実に反映したものであったりする）、かたやイン

●1 ジェレミー・ベンサムの構想したパノプティコンは、円形平面の刑務所の外周に独房を配し、これらを中央にいる看守の監視下に置くというもの。

フォーマルなものは輪郭が漠としていて定まらない。一方にはトップダウンの決断が、他方にはボトムアップのそれが反映されている。一方はきわめて制度的であり、他方はやや反制度的な「オルタナティブ」である。

ここからはインフォーマルなものが南米の特定の地域——ある種の都市的伝統をもたない地域——でどんな様態となって現れるか、また現地の文化的・政治的・社会的な特性をどのように反映しているかを見ていこう。

ついでに「カジュアル」という意味でのインフォーマルという概念が、近現代のライフスタイルや建築家にどのようなインスピレーションを与えてきたかも詳しく見ていきたい。この副次的な語意がほのめかす(ふるまいにおいてだけでなく寸法的・物理的な)「ゆるさ」、「寛容・許容」、自由な「相互関係」なども手がかりになるだろう。またインフォーマルなもののもつこのカジュアルな側面が専門家に利用された場合に(それこそファッション業界がインフォーマリティをひとつのスタイルに仕立て上げるように)、いかに政策と結託することになるかについても留意しておきたい。なにしろ私たちはインフォーマリティと聞くと、つい家庭内の行動様式のことだと思い込みがちだから。近代の巨匠たちがインフォーマルなものをそのような目で見なかったのは、ポスト・ヴィクトリア期の厳しい社会規範を知っていたからだ。

スケールの点でも違いがある。フォーマルなものは特大(エクストララージ)も含めたあらゆるスケールを網羅するのに対し、インフォーマルなものはたいてい人体の尺度(スケール)や人の動ける範囲に限られており、それだけにこの人工物とその作り手とは直結している。[訳注：インフォーマルなものには]そうした限界はあるが、たまに大きなスケールに達することもあって、それはもし個々の手続きをうまく集約することができたなら、たとえば(ル・コルビュジエの「モデュロール」が基準とした)2×2×6m程度の街区をまるまる出現させることもあるということだ。それでも全体としてモニュメンタルな効果を生む域

●2　メキシコシティでの経験：コンクリート製造を営むある事業家が、莫大にあるはずのセメント需要がまだ掘り起こされていないのは単にセメント製品が運搬しやすい量で売られていないからだと気づいた。そこで彼はセメントを袋詰めにして地元の小売店で販売することにした。

●3　少し考えればわかることだが、都市における特大スケールのものは経済的・政治的色合いを帯びている。ところがこのことはレム・コールハースの『S, M, L, XL』には詳述されていない。

●4　このビエンナーレの直後に当局は不法居住者に立ち退きを命じ、空になったタワーを外国の不動産仲介業者に引き渡した。

に達することはない。こうしたおおむね手づくりの街区を建設するのに欠かせないのが、人体というツールである。これはインフォーマルなものがそもそも分子単位で存在するためだ[2]。

フォーマルなもののみに特大（エクストララージ）スケールが許されるのは、それを支えてくれる中央集権的な政治力と蓄積された資本があるからだ[3]。たとえばタワー・ブロック。高度に集権的な機関、資本の蓄積、綿密に調整された計画がなければそんなものは実現しない。つまりフォーマルな産物以外の何物でもない。さらにいうと、高度な専門知識も求められる。ところがインフォーマルなものにはそんな知識は必要ないし、むしろ日曜大工（ブリコラージュ）程度の技術で間に合ってしまう。インフォーマルなものは高層ビルが相手だと、個室に引きこもって（例：ペソ・フォン・エルリッヒスハウゼンの2012年の作「居間（リヴィング）」fig.1）、人を寄せ付けない無表情な外観とは裏腹の、親密な閉じた世界をつくる。それでもたまに中からこぼれ出ることがあり、よく知られたところではカラカスのトーレ・ダヴィッドがそうだ。これは未完成のビルに2,500人が無断で住み着いてしまったものだが（第13回ヴェネチア建築ビエンナーレ2012では悪評を買った[4]）、これとてインフォーマルに適応・転換できる範囲は限られていた。

フォーマルなものはプランニングを下敷きとする（「プランニング」の語源を辿るとラテン語の「平ら」、「水平」、あるいは人間の描いた「プラン」、すなわちドローイングであり、これが専門家の手にかかると空間編成の主要ツールと化す）。そのプランニングではあらかじめ問題が解決され、将来の見通しが立てられ、諸々の調整が済んでいるため、物事はおのずからこのプランニングどおりに遂行されていく。かたやインフォーマルなものを生み出しているのは多種多様な行為である。だからそれは巧妙で、気まぐれで、ダイナミックで、短期的でほとんど予測不能なものになるけれども、必ずしも不合理なものとは限らず——さほど無分別なものではない——、純粋に活力にあふれているから、無数のイニシアティブと動機が働いて

fig.1 ペソ・フォン・エルリッヒスハウゼン「居間（リヴィング）」（2012）
［提供＝ペソ・フォン・エルリッヒスハウゼン］

いるから、そうなってしまうだけのことだ。

とはいえ、フォーマルなものとインフォーマルなものとはコインの表と裏のように表裏一体をなしており、言ってみれば公式経済の影には必ず地下経済（シャドウエコノミー）があるようなものだ。たとえばブラジリアがルシオ・コスタによる有名な「マスタープラン」に基づいて建設される中、それと並行して建設作業員の居住地がインフォーマルに拡大していった。ルシオ・コスタの公式「パイロットプラン（Plan Piloto）」に影のようにつきまとうヌークレオ・バンデイランテには、都市に立身出世を求めて押し寄せた地方人やら労働者やらその同胞やらが寝泊まりするようになる。以来、フォーマルなものとその片割れとはあい並んで残るも、しだいに種々の濃度のインフォーマリティが公式「パイロットプラン」をじわじわと浸食していく様子は、たとえば指定商業地域に顕著であり、また幾何学的というか形態学的に外形を定められていない人工湖の湖岸一円にもインフォーマリティが流れ込んでいった。ブラジリアはその中心に向かって高度に構造化されているが、反対に中心から外れるほどその構造は曖昧で緩くなる。なぜ時間が経つにつれてかっちりとした幾何学と無秩序なスプロールとがこのように混じり合うかというと、それはフォーマルなものとてエントロピーが増大し、分解が進めば、最終的にはかたちを失う運命にあるからだ。またフォーマルなものがこのように一定の姿を保たない場合、それはプランニング上の許容誤差なのか否かという話にもなってくる。

ここまで形態（フォーム）の生成メカニズムならびにその遺伝子コード、作用因子、最終的に行き着く形態構造について述べてきたが、フォーマルーインフォーマルの関係には実は第二のテーマが隠れており、そちらには美的趣向や行動規範が深く絡んでくる。

美学の考え方からすると、ピクチャレスク(インフォーマル)なものはフォーマルなものへの反動から生まれた。その主張が勢いを増したのは、抽象概念に代わって有機的なものを好む環境保護的な感性が現れてからである(Abalos, 2005)。ただし、いかにも作り物っぽくなりがちなピクチャレスクなものは、単にインフォーマルなものを喚起するにとどまり、その政治的・財政的メカニズムにしても、見かけがフォーマルなもののそれと実質的にはほとんど変わらない。ピクチャレスクなものはしばしばくつろぐというふるまいを連想させたので、当初は造園の分野で理論化され、やがて(それ自体が「インフォーマル」な)自然を利用する仕掛けとなっていった。自然を利用するとはいえ、あくまでも自然本来の多様性や「偶有性」や見かけのさりげなさを損ねないようにして。ピクチャレスクな大庭園はいかにも手つかずの自然を装っているが、実際はランドスケープ・アーキテクトの目指す自然主義[的美学]の犠牲になって村がまるごとつぶされるケースも珍しくはなかった。

近代建築家らの理解では、インフォーマルなものはより自由な空間編成をもたらすはずで、それと同時に階級のない民主的社会にふさわしい、カジュアルで分け隔てないふるまいとも呼応していた。そんな彼らの目に、インフォーマルなものは一種の美的・行動モデルとして映った。オスカー・ニーマイヤーもこの考えに乗じて1951年にリオ・デ・ジャネイロに自邸「カノアスの住宅」を建てている。豪邸ではあるが、あくまでも余暇をくつろいで過ごすための住宅である。この住宅が英国の風景[式庭園]の伝統に負っていることはよく知られているが、そうした系譜に実は大した意味はなく、むしろこの住宅の意味は、美学、行動様式、生産メカニズム、制度的地位の間を揺れ動いているのである。

話を単純化しすぎることを承知で言うと、このフォーマルな美学・ふるまいの形式は近代建築家の第一世代に歓迎され、一方、参加・分散型の形態（フォーム）創造のメカニズムはチームX（テン）など下の世代の関心を惹いた（かたや日本のメタボリスト・グループは独自に形態（フォーム）、不変性、変化に関する問題提起を行なった）。

リナ・ボ・バルディは「MASP（サンパウロ美術館）」のメインの絵画展示室（1958）を構想中に、カンヴァスをガラス板に掛けて作品の表と裏を同時に公衆の目にさらすことを思いつく。もちろんこの発想は彼女の気まぐれ（カジュアル）にすぎないので、展示計画を練っているはずの学芸員や、カンヴァスの裏側が壁に塞がれるつもりで描いた画家のことは念頭に置かれていない。彼女の態度は不穏なだけでなくインフォーマルでもあった（ああ気の毒に、このもくろみは叶わず、学芸員は絵画を壁に掛けるという従来の展示方式に戻してしまった）。彼女はさらに美術館の街路沿いのスペースに一般市民向けの大胆なシナリオを用意した。といってそこを儀式や追悼に充てるというのではなく、単に市民広場（アゴラ）にするだけのことだが。この広場というのが、かっちりとした幾何学的な輪郭に縁取られているにもかかわらず、とことん開かれ、曖昧で、自由で、心意気としてはインフォーマルな——つまり、いつでもいかようにも使える——代物だった。ところで物質文化の産物の目利きにしてプロダクトデザインに強い関心を寄せていたボ・バルディは、民衆の器用仕事（ブリコラージュ）のもつ素朴な美にも光を当てている。ちょうど地下経済（シャドウエコノミー）が公式経済に対してそうだったように、この影（シャドウ）のデザイン・セクターには、その創意工夫といいデザイン・センスといい機転の利いた知恵といい、見習うべきところが多々あった。

建築家がインフォーマルなものに興味を示すというのは、時に自己矛盾のようにも思える。チリのスミルハン・ラディックがわざわざ辺境の暮らしぶりを語ったり、粗末なつくりの建物に言及したり（fragile fortunes, 1998）するとき、その真意はいったいどこにあるのだろうか。なぜ彼は、室内に標本箱の山が所狭しと並べられているような一風変わった住宅●[5]をわざわざ

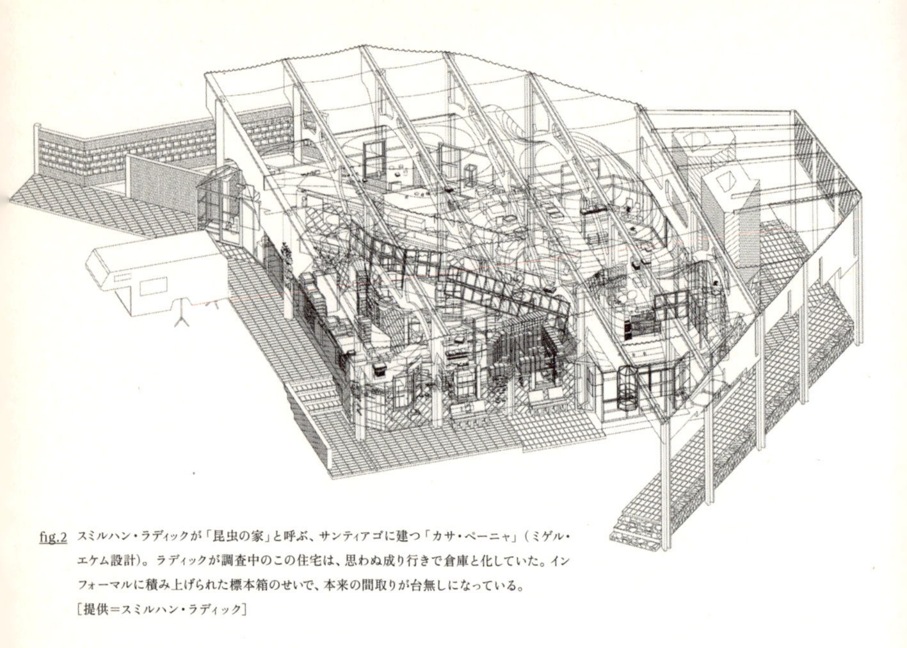

fig.2 スミルハン・ラディックが「昆虫の家」と呼ぶ、サンティアゴに建つ「カサ・ペーニャ」（ミゲル・エケム設計）。ラディックが調査中のこの住宅は、思わぬ成り行きで倉庫と化していた。インフォーマルに積み上げられた標本箱のせいで、本来の間取りが台無しになっている。［提供＝スミルハン・ラディック］

調査するのか fig.2。じつはそうしてラディックは、自然発生的な形態（フォーム）のもつ脆さ、すなわち自動修正メカニズムを備えた累積的で短命な形態（フォーム）のもつ脆さに我々の目を向けさせるのである。そうした集合体（アンサンブル）は、どこにでもあるものなのに意識の隅に追いやられ、しかも職人の伝統とも無縁なせいで記憶にも残らない。

同じくチリ人建築家のアレハンドロ・アラヴェナは、ミニマルな道具のもつ経済性に目をつけ、そこから手段と目的の議論を展開し、正しい解を得るにはまず正しい問いを設定せよと言う。そしてその実例として、パラグアイのアヨレオ族が椅子代わりに用いているという輪になった布製バンドを挙げる fig.3。このバンドを背中と膝に引っかけるだけで座った姿勢が保たれるという仕掛けが、じつに的確かつ経済的にできていると言ってアラヴェナは絶賛する。「ハード」な椅子にはフォーマルかつ実用的な（ときに象徴的な）意図が込められているのに対し、アヨレオ族のバンドは柔らかく「不定形（フォームレス）」であり、使うときにやっとそれらしい形になるだけだ。アラヴェナはフォーマルなものとインフォーマルなものとの間を媒介するべく、辺境のものをメイ

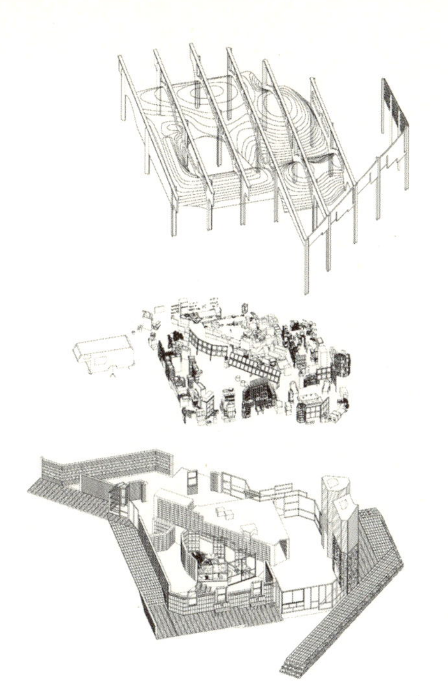

ンストリームに引き入れる●6。

卑近な例でも、フォーマルな物がいつしかインフォーマルの領域へ移っていたりする。たとえば建物の組織が瓦礫の山と化すように。

インフォーマルのパターン

ここまではインフォーマルなものが建築家の想像世界や言説にどんなふうに入り込んでいるかを見てきた。ここからは美学的な側面はおくとして、形態（フォーム）創造のメカニズムに焦点を当てながら、都市空間がどのように形成されていくかを見ていきたい。ラテンアメリカ各地ではそれこそ都市空間を巡って激しい戦いがあった。都市周縁に流入した住民が市民と同等の権利を主張したのがその主な要因である。

以下に挙げるのは都市における*インフォーマルなもの*のパターンだが、目的や戦略に応じてこの序列は変わるだろう。特徴で分けるとこのようになる。**直接行動（ダイレクトアクション）、計画的進化、戦術的アーバニズム、都市のレトロフィット、インフォーマル・コモンズ**。たいていは複数の特徴が重なり合っているし、場合によって種類の違いよりも度合いの違いの方が大きかったりするが、とりあえずこのように分類すれば、この多分に「インフォーマル」で説明しづらい領域をまずは概念としてとらえることができるのではないか。

直接行動（ダイレクトアクション）は露骨に政治的である。なぜなら都市的権利にこだわるあまりに法律だとか慣行を顧慮しないからだ。言ってみれば草の根型である。直接行動の典型に、市民権を剥奪された住民が定住地

●5 かつて著名な昆虫学者が住んでいたことから、ラディックが「昆虫の家(casa de los bichos)」と呼ぶサンティアゴ市内の住宅。正式名称は「カサ・ペーニャ」、設計者はミゲル・エケム。

●6 アラヴェナはこのテーマをさらに推し進め、アヨレオ族の道具をヴィトラ社の高級デザイン製品に一変させる。

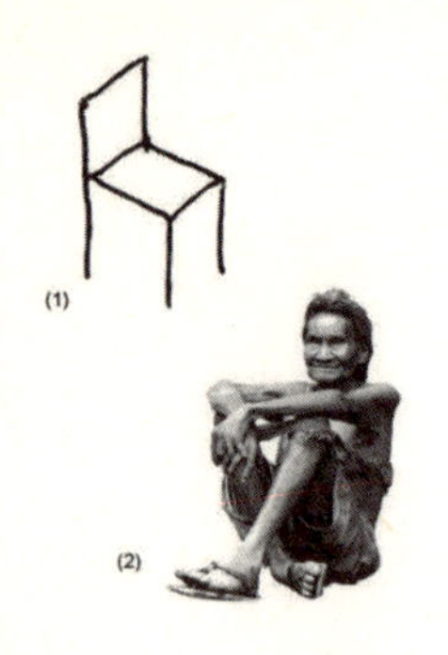

fig.3 アレハンドロ・アラヴェナ「チェアレス」。椅子(1)とアヨレオ族の座位固定紐(2)。どちらも身体を休めるのに使われるが、前者はフォーマルな、後者はインフォーマルな道具。[提供＝アレハンドロ・アラヴェナ]

を求めて土地を占拠するといった大胆な行動に出るものがある。1960年代に悪評高かったペルーのリマにあるバリアダ[スラム]は、住民の大多数に住宅と都市アメニティを供給しきれていない現実を当局に強く自覚させることになった[●7]。[直接行動の]成功を支えるのは、機敏さ、社会の連携、政治力、連帯である。通常は土地の占拠ならびに分配形式の単純化という手段がとられる。手順としては、とりあえずは簡単な小屋を建てて個人の所有権を主張しておき、後日建て増すなり、もっとましな建物に建て替えるなりする。この二段構えの戦略はリマのほかにもチリ北部のリゾート地プエルト・ビエホでもとられている[fig.4]。

[直接行動の]究極の目標は、インフォーマルなものを(所有権の合法化によって)差別を廃して統合すること、ないしインフォーマルなものをしかるべき解決策によってフォーマルな環境に置き換えることにある。不法占拠もまた直接行動の一形態で、うまくいけば長期にわたって足跡を残すことができる。ただマーティン・ポーリーらが指摘するように、不法占拠者らの求める究極の[建物]類型が田園都市のブルジョワ風小住宅である以上、その革命的意図が都市／建築学の思想に浸透することはない。

計画的進化とは、住宅や地区を段階的に建設する仕組みのこと。この場合は始まりだけ決めておいて最終的にどこへ行き着くかは未定である。これはフォーマルとインフォーマルの両セクター間の共同作業になる。

まず大もとになる部分に水回りなどの基本設備を収めたサーヴィス・ロットをつくり、その周囲にちょうど万華鏡のように少しずつ部屋のレイヤーを被せていく。トップダウンとボトムアップの動きを混合したこの方式がラテンアメリカ各地に広く採用されたのは、交通・衛生インフラとエネルギー

fig.4 チリのアーティスト、ホセフィーナ・ギリサスティによる調査「イン・トランジット」。プエルト・ビエホには別荘に一面占拠された場所がある。一夜にして建てられたこれらの小屋は、増築や部品交換を経ながら継続的に姿を変えていく。
［提供＝ホセフィーナ・ギリサスティ］

供給については集権的に計画した方が確実だが、住宅ニーズに関しては住人の自助努力でこつこつ建てていった方が当人の希望に沿うことができると考えられているからだ。

拡張可能な住宅を供給するという高い理想を掲げ、たとえばペルーのPREVI［Proyecto Experimental de Vivienda：実験住宅プロジェクト］fig.5リマなどが立ち上げられたのも、ある意味では「最終結果」をあらかじめ想定しておくためだった。この場合、行政当局が権力にものをいわせて「拡張型住宅」と都市インフラの完備を公式（フォーマル）に命じている。当初は単なる建築設計競技だったのだが、蓋を開けてみれば、世界の名だたる事務所が個別に現地事務所と共同で拡張型住宅のプロトタイプを提案してきたため、結局大がかりな共同計画となった。例のサーヴィス・ロット方式よりもずっと設備の充実したPREVIには、下層中流階級の世帯が入居した。どの案にも拡張の仕方に独自の工夫があったのに、所有者たちはそんな設計者の思いをよそにめいめいに手を加えていった。周到に設計された基準コアの周りには増築が重ねられ、30年も経つとオリジナルな言語とはおよそ似ても似つかぬものになった。PREVIはいまや平凡で賑やかでいささか俗悪（キッチュ）な姿になっているが、当初に比べればだいぶ密度は増しているし、また増築を経た住戸が多様化しているのはもちろん、なかにはびっくりするような機能が紛れ込んでいたりして、そのたくましさには感心させられる。

チリ発祥の計画「エレメンタル・ハウジング」［キンタ・モンロイの集合住宅（p.39-41参照）］はメディアでもずいぶん取り上げられた

●7 たとえばCharles Jencks, *Architecture 2000 Predictions and Methods*（チャールズ・ジェンクス『建築2000』工藤国雄訳、鹿島出版会、1974）の中では「行動主義者の伝統」にまるまる1章が割かれており、そこではリマのバリアダやPREVIが、1968年のパリの学生運動、状況主義［シチュアシオニスム］、セドリック・プライスらの唱えた政治参加と絡めて分析されている。PREVIとバリアダは——ジェンクスによると——時代を30年先取りしていた。

fig.5 築30年を経た「PREVI」は、当初アルド・ファン・アイクやジェームズ・スターリングの考案した拡張型住宅の面影をほとんど留めていない。考え抜かれたはずの外観は、繰り返し変更が加えられたせいで原形を留めておらず、また内部も当初の想定を超えた使われ方をしている。［提供＝寺田真理子］

が、これもやはりもととなるコアと拡張可能な空間とを分けるという発想である。［設計者の］アラヴェナにいわせると「住居の半分」しかつくらないのは、この初期段階のうちに最も厄介なロジスティクスの問題（上下水道、ガス・電気の供給、衛生設備、階段）を片づけておくためだ。これが建築的提案であると同時に開発モデルでもあるのは、もしそこが市街地に組み込まれたなら不動産価値の上昇が見込まれるからである。このエレメンタルの住宅をきっかけに、中流階級向けのスタンダードが確立されつつあるようだ。

戦術的アーバニズムで重視されるのが、都市変容プロセスにおける人々の参加とイベントの開催である。環境を変えるには人的行為やら規制撤廃やら諸々の筋書きがあるが、いずれにせよ専門家と住民の両方が召集される。そこでは市民の権利拡大が謳われる。ふつうは短期戦で、火付け役はたいていNGO［非政府組織］などのフォーマルなセクターである。

そうしたイニシアティブから始まった動きはやがてイベントに結実する——大勢の人間が熱意と喜びをもって集うイベントには、簡便な手段で日常風景を変える力、思いがけない環境をつくり出す力がある。こうした経験によって人々の環境問題に対する政治意識が高まると、新たな公共政策が設定されるようになる。その成功例が「マポチョ・ペダレアブレ」［pedale-able：ペダルを漕げる、の意］（この名称は、チリのサンティアゴを貫くマポチョ川沿いに自転車道を整備することをほのめかしている）fig.6。もともとは建築学生らの発案だったが、大勢のサイクリストが乗り気になったおかげでこの計画はいっきょに勢いを得た。サイクリストに言わせると、（1年の大半はわずかな水量しか

fig.6 サンティアゴの河川敷の自転車道「マポチョ・ペダレアプレ」
［提供＝トマス・エチブル］

ない）河川敷に沿って自転車道が整備されれば、一般車道を通らずにこれ1本で市内のだいたいの目的地を回れるので安全かつ便利になる（Echiburu Larrain et al, 2011-）。当初は法規制を無視してイベントが開かれていたが、やがてメディアでも取り上げられるようになると、「公認」イベントとして世間の関心を呼ぶようになる。現在、このプログラムは行政側に採用され、公共事業として実施されることになっている。整備計画は（河川敷に自転車を乗り入れるための斜路を別とすれば）形態的にも空間的にもさほどインパクトのあるものではないが、少なくとも街並みや風景に対する市民の感覚を大きく変えることにはなるだろう。

都市のレトロフィットは、インフォーマルな居住地や集団をそれまで排除の対象としてきた各種組織団体の側にパラダイムシフトを引き起こす。都市のレトロフィットによって、インフォーマルなものは撤去されずに恒久的に都市の一部として受け入れられていく。狙いはそれらを都市に統合することなので、そこで公共施設やインフラの整備を通じて居住地の水準を市内の基準にまで引き上げる。この場合は例えば国際銀行や行政機関であるとか、自治体の各種委員会や部局など一定の権限をもった機関が主体となって動く。レトロフィットによって市内の基本的な居住条件を一律にしようというわけだ。長期的な目標ではあるが。（1995年以降、ホルヘ・マリオ・ハウレギほかによる）ファベーラ・バイホにしても、カラカスのバリオスでとられた措置にしても、この範疇に入る。インフォーマルな居住地をその特異なところも含めてまるごと都市に取り込み、基本的な都市アメニティも整備して居住水準を標準に引き上げ、最終的にはインフォーマルなものを少なくとも法の上ではフォーマルに転じさせるわけである。またチリでは「Quiero mi Barrio（この街が好き）」キャンペーンを張って、貧困地域を少しずつ改善するための融資を行なっている。

最後の**インフォーマル・コモンズ**は、言うなれば草の根から生まれた公共の場のことで、たとえばスポーツにも使える多目的の遊歩道がこれに当たる。このボトムアップ式の戦略は、体制側にはまず相手にされないが、そんな中で公共の利益のために貴重な空間を確保するという、たいへん目覚ましい成果を上げたところもある。土地の形状がいびつなのでふだんは運動場になっているが、これがほどよい気晴らしの場にもなっている。リオ・デ・ジャネイロ市内にはそうした場所が全4,500ヶ所ほど、つまり都市広場の4倍の数ある。都市に改良の余地を与えるこれらの場所は、多目的であるという点では、面白いことに昔ながらの都市広場に通ずるものがある。スペイン語圏の南アメリカでは昔から広場は余暇、市場、遊び、儀式の場だったせいか、かなり広くとられている（例：サンティアゴのアルマス広場の面積は19,000㎡）。こうした慎ましくも素敵な空間は、目の前に立ちはだかるゾーニング制度（およびそこに内包される形式性（フォーマリティ））をものともせず、都市文化のたくましさを垣間見せてくれる。

結論

近代的な形態（フォーム）の概念は、あらゆる形態（フォーム）をひとつの体系に引き戻してしまうフラクタル理論に影響されて、上述した形態構造の二極性を無効にした。フラクタル理論とは、ありとあらゆる形を分解しては画一的な粒子に還元してしまうものである。それでもなお、私たちは直観とか日常体験とか厳然たる事実によって、この二重システムを、その間にある接点と因果関係を認識する。私たちは現代都市といえばついそこに流動的な形態（フォーム）をあてはめてしまいがちだが、いま改めてここで取り上げ

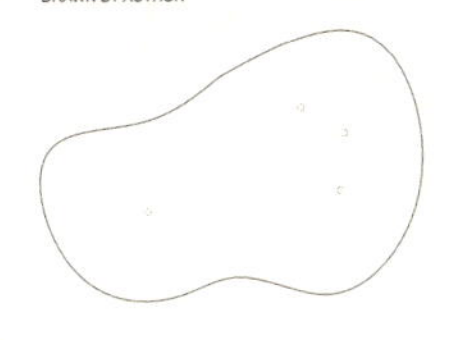

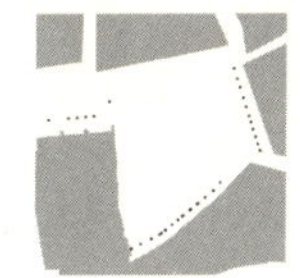

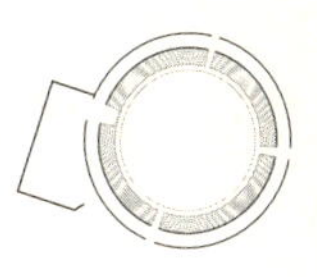

fig.7 遊び（プレイ）という活動は、英語の「プレイ」と「ゲーム」の関係のように、インフォーマルとフォーマルの間をたえず揺れ動いている。
図は闘牛場の類型の変遷。このように遊びの空間もインフォーマルなものから発展してフォーマルなものに行き着くことが多い。
Drawing by Agustina Labarca. ［提供＝ロドリゴ・ペレス・デ・アルセ］

た二極の形態にあてはめて考えると、まだまだ解明できることがあるだろう。

たとえば土地保有。これは領域間の線引き、すなわち法や既成権力などのフォーマルな領域と、財産や法律に比べて不安定な地位に甘んじているインフォーマルな領域との間の線引きを浮き彫りにする。フォーマリティが象徴的に表れているといえば、それこそ区画をがっちりと囲い込むようにして引かれた物理的な境界線がそうである fig.7。その境界線のせいで、このごろの都市は制約だらけで不寛容（カジュアル）になったともっぱらの評判だ。土地保有には一点の曖昧さも許されないのである。

ひと昔前なら、インフォーマルなものには多様なアイデンティティ、差異、空間の豊かさが備蓄されていると考えられていた。そしてその対極には、広汎におよぶ実践と合理的な工法とが生み出したモニュメンタルで没個性的な特大の都市パターンがあった。小さなスケールを表現するなら、その鍵はインフォーマルなものにある。なぜならそれは個人の行為と連動しており、それだけに無数の形態（フォーム）となって現れるからだ。けれども目下の論点は、人間が身近な環境に対して何ができるかではなく、ボトムアップのイニシアティブが功を奏するような要所がどこにあって、それによってはたして大きな社会的スケールで都市を動かせるようになるか、管理された機械的な成長ではなくいわゆる「有機的」成長を促せるようになるか否か、にある。

【参考文献】

Michael Foucault, *Surveiller et punir. Naissance de la prison*, Paris, Gallimard, 1975.［田村俶訳『監獄の誕生 ― 監視と処罰』新潮社、1977］

Michel de Certeau, *L'Invention du quotidien, 1. Arts de faire*, U.G.E., coll,《10/18》, 1980.［山田登世子訳『日常的実践のポイエティーク』国文社、1987］

Iñaki Abalos, *Atlas Pintoresco 1 el observatorio, 2 los viajes*, Gustavo Gilli, 2005

小さな風景とインフォーマリティ

乾 久美子

［Kumiko Inui］ 建築家、横浜国立大学大学院“Y-GSA”教授。1969年大阪府生まれ。1992年東京藝術大学美術学部建築科卒業、1996年イエール大学大学院建築学部修了。1996～2000年青木淳建築計画事務所勤務を経て、2000年乾久美子建築設計事務所を設立。2011～2016年東京藝術大学准教授。2016年～現職。主な作品：「アパートメントI」「フラワーショップH」「共愛学園前橋国際大学4号館Kyoai Commons」など。主な著作：『そっと建築をおいてみると』『小さな風景からの学び』など。

「用意周到」ではない空間を求めて

私は「小さな風景からの学び」という、日本における自然発生的な生活環境のリサーチ[1]を行っており、今日はそのことについてお話したいと思います。発端のひとつは、最近の学生が用意周到に計画された空間にあまり興味を示さないことでした。むしろ彼らは、自発的だったり、自然発生的に形成された空間を非常に評価している。長い時間を経てつくられた密実な生活環境、たとえば下町などがそれに当たります。かくいう私自身もそうした環境はとても好きなので、ではそれをリサーチしてみようかと思ったわけです。ただ、自然発生的な空間であれば何でもよいというわけではなくて、その中にも「良いもの」と「悪いもの」が当然あります。リサーチが、単なるノスタルジー、あるいは大きな開発に対する単純なアンチテーゼに終わらないためにも、そうした自然発生的なものの正しさのようなものを解明したいと考えました。

リサーチで行ったことは、自然発生的につくられた場所や空間、風景の採取、そしてその分類です。まず、日本中を7ヶ月ほどかけて回り、18,000ほどの事例を撮影して、そこからとくに面白そうなものを絞り込んで2,280枚ほどにしました。そして写真を似たもの同士で集めて類型化しました。類型化した群は「ユニット」と呼ぶことにしています。たとえば「何かを使って干す」というユニットには、洗濯物が公共空間にはためく風景の写真がまとめられていますが、公共空間に洗濯物がある状況を成立させるには、地域コミュニティの存在が必要でしょうし、適切な光と風も

fig.1 ユニット113「一文字」[出典=『小さな風景からの学び』]

必要です。つまり、こうした風景が成立するには、日常に必要とされるごく当たり前の資源が必要なわけです。しかし実は現在では、そうしたごく当たり前のものがどこでも手に入るわけではない。だから若い人の目には、このような風情・風景というものがむしろ新鮮で新しいものとして映っているのだと思います。

自分たちがそもそも何を評価しているのか、ということを調べることが目的のリサーチなので、「こういった風景を撮ろう」と最初に決めることはせずに始めました。実際にさまざまな場所に出かけて、「気になる風景」や「好ましい風景」であると各自が判断したものをひたすら撮影し、撮影後すぐに写真をプリントアウトして、分類作業も並行して進めます。撮影者が「被験者」なのだと言ってもよいかもしれません。私と東京藝大の研究室の学生と助手、さらに事務所のスタッフ数名の計10名がリサーチの被験者だったわけです。

また、私たちは日常の中で不意に出会うような場所を撮りたいわけですが、見知らぬ土地に行ってもそれを見つけるのは難しい。そこで、NPO法人などによるまちづくりの事例などを調査して、行ってみることにしました。人が自発的に何かをしている場所には何かよい風景が広がっているのではないか、という仮説を立てたのです。

●1 その成果は、TOTO出版から刊行された乾久美子+東京藝術大学乾久美子研究室編著『小さな風景からの学び ── さまざまなサービスの表情』(2014)にまとめられている。2014年4月18日−6月21日には、同名展覧会が、TOTOギャラリー・間にて開催された。

fig.2 ユニット9「縁取る」［出典＝『小さな風景からの学び』］

小さなスケールの活動をいかに促すか

採取した事例を紹介していきます。[fig.1]は、「一文字」というユニットに分類した事例ですが、小学校の校庭の外れにある木を利用したランドセルラックで、まさに生活の知恵と言える光景です。ユーモアもセンスもありますし、子供や木々など、ここにある色々な事物に対する愛情が満ち溢れているように見えます。このユニットには、日本人の几帳面さが現われているような風景が集められました。「一糸乱れぬ並び」というのも同じようなユニットで、どんなところにでも秩序を生み出そうとする「気合い」みたいなものが感じられます。

ランドセルラックのように、採取された事例の中には、構造物や建築物ではないものがたくさんあります。これは生活者の自発的な活動が、建築物よりも小さなスケールで展開するからだと思いますが、こうした小さなスケールの活動を、一般的な建築デザインでは、無視したり、排除しているような気がしています。このような活動の知恵みたいなものを、計画者は、どのように開放したり促したりすることができるのか。それを考えなければならないのではないかと思います。

[fig.2]は、東日本大震災の津波被害があった海岸の1年後ぐらいを撮影した写真なのですが、落ちている松ぼっくりを

fig.3 ユニット107「影がちらちら」[出典＝『小さな風景からの学び』]

並べるだけで散歩道のような空間をつくっています。「縁取る」というユニットに分類しましたが、公的な予算でつくるどんな公園よりも美しく、人に対する配慮に満ちた場になっているように見えて心を動かされます。こうした、愛情としか呼べないような気持ちを、我々計画者が計画する場所に対して本当に持ってきたのだろうかと考えさせられてしまいまvす。

環境を自発的にメンテナンスしていく

[fig.3]の「影がちらちら」というユニットには、倒れたような形で成長した桜の木と、それを東屋代わりに人が利用する光景があります。こうした場所を見つけて使いこなすには相当のイマジネーションが必要だと思うのですが、むしろ桜のユーモラスな形状が人の知恵を引き出し、のびのびと発揮させているようにも見えます。自分たちが建築や環境をデザインするときに、人々がこのくらいのびやかに活動することを期待しながら計画しなければいけないと考えさせられます。

「影が呼ぶ」というユニットには、人だけでなく亀や牛が同じように日影に吸い寄せられるような光景が集められました。中でも素晴らしい写真が[fig.4]です。堤防の水門へ下りる階段に屋根をかけ、お婆さんたちが集まっていますが、エアコンの効いたどんな場所よりも心地よさそうで

fig.4 ユニット108「影が呼ぶ」[出典=『小さな風景からの学び』]

fig.5 ユニット97「光のそばに行きたがる」[出典=『小さな風景からの学び』]

す。機能とは無関係に、場所そのものが魅力的であることが大切なんだなということがよく分かります。面白いことに、階段を下りたところにも素晴らしい漁協のピロティ空間があり、そこにはおじいさん達が集まっていました。どちらも涼しい浜風が通り抜ける心地よい場所のようなのです。椅子が雑多に集められていて、秩序がないようであるような、まさに自然発生的なラウンジになっていました。

こうした場所や風景に出会うたびに、それらの場所というのは一種の生き物ではないかと思ってしまいます。ちょっとしたことで無くなってしまうかもしれないし、誰かが気を利かせれば、逆にいっそう活き活きとした場所になるかもしれない。そういうバランスを保たなくてはいけないというスリルがあるように思います。バランスをキープするためには、地域の住民が誰に言われるともなく自然にメンテナンスすることがやはり大切なのでしょう。

伊根で出会ったお婆ちゃんたちのおしゃべりの場を取り上げた事例では、雑多なものが寄せ集められ、秩序がないように見えているにも関わらず、掃除が行き届いているために「みんなが非常に大切にこの場所を使っている」ことが一目で分かります。雑多だけれども、メンテナンスされている。そうした場所は使っている人々の気持ちがすぐに伝わってきますし、外の人も呼び寄せます。我々計画者も、そのようなごちゃごちゃしたものをどのように計画できるのだろうかと考えます。

建物の外だけでなく室内についても見ていきます。光の美しい窓辺というのは建築がつくり出す最大の魅力だと思います

fig.6 ユニット79「石油製品」[出典=『小さな風景からの学び』]

が、リサーチでもそうした写真がたくさん集まりました。[fig.5]は、「光のそばに行きたがる」というユニットの、古い公民館を改修したコミュニティ・カフェです。地域住民が手軽に利用できる建物で、ときに子供たちの児童館にもなるのですが、この写真からは子どもたちが光のある窓辺に自然と集まっているのが分かります。

調査をしていくと、このようにリノベーションされた建物が非常に多く集まることが特徴的でした。心地よい場所が誰かに発見され、そこがさらに魅力的になるように手が加えられる、というように、リノベーションには自然発生的な要素が多分に含まれているのだと思います。

インフォーマルから フォーマルへのフィードバック

[fig.6]は、神田にある立ち飲み屋が、歩道まで倉庫として利用している様子です。あまりにもきちんと整理されているので「文句を言うのは無粋だな」という雰囲気が醸し出されているようです。また、同じく神田の有名な書店には道路に沿って本棚を並べたところがあるのですが、これもぎりぎり脱法的な空間利用と言えます。これらは最初から法律を侵そうとしたわけではなく、自然発生的にそのような使い方が生まれてしまったのだと思います。しかし、こうした気の利いた空間利用をす

fig.7 ユニット48「拡張する小屋」[出典＝『小さな風景からの学び』]

る書店が、神田という本屋街を盛り上げる一方で、これらを都市計画はどのように取り込めるのかと考えさせられます。

東京都が管理する公園内には、非常に面白いインフォーマルな空間利用が見られます。[fig.7]は、冷蔵庫などでお店がどんどん拡張していき、どこまでが店なのかが分からない状況ですが、思いつきの集積でありながら、お客さんからの見え方を周到に計算しているようにも見え、結果として、とても魅力的で活き活きとした雰囲気の界隈をつくり出しています。こうした思いつきが集まったような使われ方は公民館の室内にもよく見られます。一般的に公民館というと「公的につくられた無機質な場所」と想像しがちですが、意外と空間の転用が進んでいて、畳敷きの部屋なのに椅子が置かれていたりする。インフォーマルな違反とも呼べることが、フォーマルな領域でも起きているわけです。このようなインフォーマルな空間の使われ方には、無意識的な空間に対するセンス、といったものが不可欠なのではないかと思います。

日本では、こうした自然発生的でインフォーマルな空間利用であっても、単純に無秩序にならない傾向があることが面白いです。インフォーマルとフォーマルが拮抗している、という感じがします。そもそも、法律とか都市計画のように上から与えられるものが、日本人の生活感覚からずれているからなのかもしれません。インフォーマルで活き活きとした空間利用が法律や計画へとフィードバックされる道筋があれば、街はもう少し良くなるのではないでしょうか。

コモンズそのものと言うべき湧き水を利用する共同水場の事例もたくさん集めたのですが、それらの中にプライベートな個人住宅の一部を水場にそのまま提供するような事例がありました。住民同士の信頼関係が伝わるこうした事例は、近代化の中で公私が明確に分けられるにつれて、駆逐されつつあります。これまでの社会が生み出したこうした知恵を次の世代にどのように引き継ぐのかもまた、考える必要があるのだと思います。

以上のような事例を写真でたくさん集めてみると、その多くは非計画的で自然発生的で、非常にささやかなものですが、我々のような計画者やデザイナーに重要な問いを投げかけているように思います。ここで出会った風景から感じる、人を開放的にさせる空間の素晴らしさのようなものを、自分が設計するときの目標のようなものとしていきたいと考えています。

追記：「House M」について

以上の内容は、国際シンポジウム「都市のインフォーマリティ」で発表したものですが、当時、「小さな風景からの学び」のリサーチを活かした小さな住宅の設計を進めていました。これは各階で違う方向をもつ片流れの小屋が三つ重なったような形をしていて、小さな住宅ですが、たっぷりとした大きさの屋根／庇空間によりおおらかな生活を可能にしています。片流れの屋根／庇は上階では傾斜するスラブとして存在しており、その不便さをカバーすべく「小さな風景」で見つけてきたようなモチーフや建築的工夫をとりいれながら、加算的な「つじつまあわせ」をしています。設計から工事期間中にかけて、そうした加算的なデザイン行為は続きました。その後の加算的なデザイン＝生活行為が住まい手に引き継がれることを祈りながら、先日引き渡しをしたところです。

都市開発をめぐるフォーマルとインフォーマルの関係

ライナー・ヘール

[翻訳＝土居純]

[Rainer Hehl]建築家、アーバンプランナー。建築・都市計画事務所「BAÚ」主宰。ETH ZürichのMAS Urban Designのシニア・リサーチャー。1973年生まれ。Diller, Scofidio+Renfro's studio、OMAなどで勤務後、MAS Urban Designでブラジルの都市開発に関するデザインやリサーチのディレクターを務める。2013年～ベルリン工科大学客員教授。2011年"Small Scale-Big Change"展(MoMA)に参加。主な著書："Building Brazil!"など。

これまで厄介視されてきたファベーラは、そのじつ庶民の住宅問題を解消するための秘策を教えてくれる——むしろ国がその解決策として建てたはずの団地の方が、都市開発の足手まといになっている。●1

都市のインフォーマリティから自律的近隣へ

英国人建築家ジョン・ターナーは、当時リマに出現しつつあった居住地との関連で都市のインフォーマリティを丹念に調査した人物だが、その彼が1968年にブラジルで開かれた公開講演でこう述べている。国営住宅は下層階級が都市に溶け込むことを阻害している、なぜなら多額の投資をして建てられた以上、社会的下位層のニーズにおよそそぐわない仕様になっているからだ、と。彼が調査したところでは、住人が一定の援助を得ながら自力で建てたほうが、費用効率が高いうえに融通も利く。これなら低所得の居住者も自分の財布を管理でき、社会的階層を固定されずに済む、と。ターナーの有名な発言「ファベーラこそが解決策」は、増え続ける無産階級を統一規格のソーシャル・ハウジングでは収容しきれなかった事実を浮き彫りにはしたものの、都市のインフォーマリティを肯定的にとらえる見解の方は、法や秩序とは無縁の裏世界(パラレルワールド)で暗躍する犯罪組織の影におおかた隠れてしまった。都市のインフォーマリティがしばしば犯罪グループに格好の隠れ家を提供しているという現実はさしあたり脇におくとして、ここでは都市のインフォーマリ

fig.1 リオ・デ・ジャネイロでは人口の約24%がファベーラに暮らす。インフォーマルな都市開発が始まって100年以上が経つと、多くのファベーラが自律的な密集居住地と化した。© Fabio Knoll

●1 ジョン・ターナーは1968年にブラジルのベレンで開かれた講演で持論「解決策としてのファベーラ」を紹介した。
John F.C Turner. 'Habitação de Baixa Renda no Brasil: Políticas atuais e oportunidades futuras' In: *Architetura. Revista do Instituto do Architetos do Brasil.* No.68, fevereiro 1968, (Rio de Janeiro, 1968), p.17

ティを手本にして、ユーザー主導の開発を通じて都市を成長させる術を学んでみたい。住人それぞれの要望や社会変化に適応していくインフォーマル・シティは、行政機関と不動産市場が杓子定規な発想で開発した汎用型の標準住宅供給に代わるモデルとなるだろう。

インフォーマリティは新自由主義市場経済に不可欠

「インフォーマル・シティ」が建築の言説として定着すればするほど、これはますます世界各地で急速な都市化を招いている元凶のひとつとみなされるようにもなった。

「インフォーマル・シティ」が発展途上の巨大都市(メガシティ)のスラムを指そうが、南半球の農村部が様変わりしてゆくプロセスを意味しようが、いずれにせよこれはインフォーマルなセクターが拠点を置く市街地のことである。そこには公共サービスもろくに行き届いておらず、住民は法的身分をもたず、当局から嫌がらせを受けることも日常茶飯事だ。こうした描写が当てはまるケースは珍しくはないが、それにしてもこれだけ多様な現れ方をすると「インフォーマル・シティ」の性格をずばりと言い表すのはまず無理だろう。しかも公式の都市組織とは依存関係にあるので、インフォーマルをフォーマルと区別すること自体が難しい。

ハウジングの中でも、都市の定める法規制の枠組みに準拠していないものがインフォーマルとみなされる。インフォーマルの度合いもまちまちである。フォーマルなハウジングでも、ユーザーが許可なく、もしくは建築基準を満たさずに増改築を

●2 都市のインフォーマリティをひとつの生活様式とする主張については、以下を参照のこと。
Nezar AlSayyad. 'Urban Informality as a "New" Way of Life'. In: Ananya Roy, Nezar AlSayyad. *Urban Informality: Transnational Perspectives from the Middle East, Latin America and South Asia.* (Lanham: Lexington Books, 2004), p.21

●3 出典:Population census 2010, IBGE [ブラジル地理統計院による2010年度の人口調査]

行なうとインフォーマルになる。今となっては世界中のどの公営ソーシャル・ハウジングでもよくあることだが。公営団地に手を加えて「インフォーマル化」したものの方が、既存のハウジングよりも程度が良いこともしばしばである。もっと一般的なのは、スクォッターが土地に侵入してそこを不法占拠するタイプのインフォーマルな都市開発。この場合、インフォーマリティとは土地を所有する法的資格がない、もしくは未取得なことを指すが、ふつうは違法な建設行為のことだ。ただし「インフォーマル」イコール「違法」とは限らない。セルフビルドのハウジングもあるし、あるいは自治体のお墨付きはなくてもお咎めを受けない、もぐりの建設業者の建てたハウジングもあるのだから。インフォーマルな居住地は都市計画法や建築法規を守りそうにないし、あるいは守る必要のない場所にできるのかもしれないが、それでもこれは都市の文化創造には欠くことのできない要素で、貧困層にとっては都市へのほぼ唯一の入口にもなっている。

影の世界vs.新しい暮らし

都市のインフォーマリティに生産的な力があるとすれば、はたしてそれはどこにあるのか。同じインフォーマルでも自律的な近隣と、犯罪組織が縄張りにしている孤立したファベーラとの違いは何か。「希望のスラム」と「絶望のスラム」の違いは? 20年後には都市人口の半数がインフォーマルな環境に暮らすであろうと予測される中で、私たちは都市のインフォーマリティとどう付き合っていけばいいのか。ターナーの講演以降、何が変わったか。

インフォーマルな工事件数が「フォーマル」な建設事業と同じペースで増える一方で、インフォーマルな居住地の定義はますます曖昧になっている。フォーマルに計画された都市でさえ、その論理や力学がいまだ我々の理解を超えているのであれば、はたして変わり身の早い都市環境を読み解くことにいったいどれほどの意味があるのだろうか。だいいちその空間自体が複雑かつ多様な現れ方をする以上、所定の

fig.2 リオデジャネイロの都市拡張区域バハ・ダ・ティジュカで不動産市場による中〜上流階級向けのゲーテッドコミュニティが続々と出現する中、都市のインフォーマリティもそれと同じスピードで進んでいる。© Rainer Hehl

範疇にはおさまらないだろう。インフォーマルな工事が、仮に計画調整もしていなければ建築許可や地権も取得していない違法な建設行為を指そうと、自助努力によるセルフビルドを指そうと、ひとたび世界中の都市生活者の半数がインフォーマルな状況に置かれれば、単に公式基準から外れただけではインフォーマルとは呼べなくなり、むしろ自律と社会変革と交渉の積み重ねによって勝ち取った「暮らし」をそう呼ぶことになるのだろう[●2]。

ブラジルのファベーラで具体的にこの「暮らしぶり」を追跡してみると、そこには同時代の都市開発の先を行っているような様相も散見される。

ブラジルにおける インフォーマル・シティの変容

ブラジルでは連邦政府や地方自治体がこれまで低所得者用住宅の不足を解消しようと様々に取り組んできたにもかかわらず、都市のインフォーマリティの歴史は長く、インフォーマルな都市成長はとどまるところを知らない。ブラジルでは現在1,140万人(総人口の6%)[●3]が低水準の住宅密集地に暮らしているが、大都市圏のスラム居住者の割合はさらに高く、しかも上昇傾向にある。リオ・デ・ジャネイロがその典型で、人口の24%が1,000以上ものインフォーマルな居住地、いわゆるファベーラに暮らしている。ファベーラが増え出してからは、低水準の住宅密集地や極貧地区に対して各種の都市化計画が講じられたものの、それからゆうに100年が経っても都心部と周縁部のインフォーマリティはいっこうに衰える気配がない。

とはいえ、インフォーマルな都市成長が始まった当初に比べると、ファベーラの風景も変わった。1897年当初のファベーラはリオ・デ・ジャネイロの丘の斜面に違法に建てられた木造家屋にすぎなかったのに、それが今日では総人口20万を擁する超密集居住地となり、ほとんど都市内都市と化している。象徴的なのは、警察が出動してファベーラから犯罪組織を追放し「鎮定」しようとしたことだ。インフラ整備やファベーラの機能向上(アップグレード)への投資が始まると、市場拡大を狙う新自由主義にとってインフォーマル・シティは好材料となった。それを後押しするかのように、これら断片的な市街地をフォーマルな都市組織に取り込むことが決まった。この新たな住宅市場が正式承認(フォーマライズ)されるのと並行して、ブラジルでは下層中流階級Cクラス［訳注:ブラジルでは国民の所得階層をABCDEの5階級に区分している］が台頭する。総人口中、最も高い割合を占めるこのCクラスのうち60%がファベーラに暮らしている。こうした都市の実態とはまるで裏腹に、現行のディベロッパー主導の都市スプロールは、分譲マンション中心、中流階級本位であり、建築的にも都市計画的にも質が低いというありさまである。

建設工事を大衆の手で

もし都市のインフォーマリティのおかげで土地を無断占有する戦術が展開されるのであれば、公共空間の商品化という支配的モデルに対し、このインフォーマリティは代替モデルになり得るかもしれない。とはいえ、はたしてそれを住宅生産に応用できるだろうか。はたして空間の無断占有と自作建築だけで、都市のすさまじい成長に追いつけるか。それともインフォーマリティだけでは、都市成長の問題にはとうてい歯が立たないか。なるほど都市のインフォーマリティが加速したせいで、蓋のない下水溝や回収されないゴミの山が悪臭を撒き散らしていたり、犯罪組織が悪さをしていたりと、都市システム全体に重大な問題を引き起こしていることは否めない。がしかし、統一規格の住戸が機械的に反復されている公営住宅を見る限り、フォーマルな案では住宅不足を解消するなどという意欲的な計画も画餅に帰している。新築のソーシャル・ハウジングであるのに公共サービスも行き届いておらず、それにおおむね単機能で低所得層向けの仕様に固定されていれば、早晩ゲットー化するだろう。ソーシャル・ハウジングの多様性・融通性の欠如を補うには、住民自らがインフォーマルに建て増しをして個別に住環境を整えていくしかない。インフォーマリティは確かに不足を埋め合わせるには都合が良いし、画一的な棟配置を近隣らしい街並みに変えてくれるが、問題は、一括生産された建物の稚拙さを、はたしてインフォーマルな稚拙な工事で埋め合わせられるのかということだ。市場システムが急場しのぎにつくった建物の不備や質の低さをただ補うことより、むしろ全体と個の図式でとらえる必要があるだろう。もし一括生産が、将来の変化を見越して計画されたとしたら——もし個々のインフォーマルな占有が互いに連携して都市型共同プロジェクトに結実するとしたら？ 一括生産と個別生産を折衷して大衆建築文化を確立させれば、多様なまちづくりのあり方を並立させられるのではないだろうか[●4]。

文化というものが基本的には都市化というベクトルに沿って創造されると考えると、もしかしたら大衆という通念自体が間違っているのかもしれない。大衆文化を単に社会の周縁から出てきたものが中央に取って代わる——支配的秩序が通俗化の波に脅かされる——過程とみなす時点で、すでに話を単純化しすぎているのだろう。俗受けしやすいことは今やポピュリズムの方便にすらなっているが、私たちはむしろこれとは逆の流れ、すなわちインフォーマルな営みを通じてモダニズムが吸収されていることに目を向けるべきだろう。ある意味、これも占有プロセスの一例である。なぜなら周縁が中央を取り込んでいくから。文化的価値観が人々によって人々のためにつくられるのなら、大衆の建築文化をつくり直すのはほかでもない大衆自身である。

●4 ETH［スイス連邦工科大学］チューリッヒ校アーバンデザイン修士課程ではA.P.B.（ブラジルのポピュラー建築）と題し、クリストファー・アレグザンダーがブラジルの大衆建築文化を取り上げた『パタン・ランゲージ』を参考書として2012年にリサーチプロジェクトを開始した。
参照：Marc Angélil, Rainer Hehl. *Minha Casa, Nossa Cidade. Innovating Mass Housing for Social Change in Brazil.* (Berlin: Ruby Press, 2013), p.77

fig.3 ブラジルの天然資源採取の一大拠点である北部地方には、今最も急成長を遂げる都市が点在する。連邦政府は「MCMV(わたしの家、わたしの暮らし)」プログラムの一環として、[同地で]大がかりな団地開発を行っている。© André Vieira

わたしの家、わたしの街(Minha Casa, Nossa Cidade)

では企業利益を優先したハウジング・モデルが幅を利かせている中で、いったいどうすれば建設工事の大衆化が進むのか。マイホームを手に入れることはプライヴァシーという財産を手に入れるに等しいとするパラダイムを不動産市場は浸透させたけれども、いったいどうすればこのパラダイムを転換できるか。どうすれば都市を共同プロジェクトとしてとらえ直し、そこに共有空間、共有資源、社会活動をうまく配分できるか。

ブラジル政府にとってソーシャル・ハウジングの供給はそれこそ国家プロジェクトで、それを受けて大手建設会社は低所得層向けの汎用型住宅を開発した。政府はこの住宅一括生産の論理を全国規模で展開し、2009年には連邦プログラム「Minha Casa, Minha Vida(MCMV:わたしの家、わたしの暮らし)」を立ち上げる。2008年の世界金融危機以降落ち込んでいた景気の回復策として打ち出されたこのプログラムは、国内の住宅不足解消——推定600万戸——を目指すとの触れ込みだった。MCMVの目標は4年間で340万戸を建設することだったが、そのほぼ半数がすでに完成している。この世界最大規模のソーシャル・ハウジング・プログラムは今のところかなり順調で、社会の底辺にいる人々に住宅所有権を与えなが

●5「神の街」(Cidade de Deus)の変容ぶりについては以下に詳しい:
Marc Angélil, Rainer Hehl. *Cidade de Deus–City of God. Working with Informalized Mass Housing in Brazil.* (Berlin: Ruby Press, 2012)

らも、その実施に必要な投資を諸外国から呼び込んでいる。ただあいにく、建設会社が地価の安い辺鄙な場所で開発を進めたため、MCMV開発は都市計画的にはおよそ褒められたものではない。その単機能型ベッドタウンはお粗末なもので、公共サービスも共用空間も緑もなければ、近所に買い物のできる店すらない。結局、各住戸では入居直後からインフォーマルな増築が始まり、界隈はファベーラ化というかゲットー化していく。インフラ不備と舗装の悪いでこぼこ道については、竣工早々に手を打たなければならなかった。解決策のはずだったものが、かえって問題を増やすケースは少なくない。プログラム名「わたしの家、わたしの暮らし」には、住宅所有者=消費者となる新中流階級を創出しようとの願いが込められている。多くの人が「マイホーム」をもつ夢が叶えられても、そこにはいまだ市内へのアクセス手段がない。

全国津々浦々にその複製が出回っている大量生産住戸の間取り、新築住宅の単調で味気ない家並み、広さ35〜50㎡の住宅やエレベータのないアパートへはるばる越してきた家族たち——退屈なベッドタウンの光景。「神の街(Cidade de Deus)」がやがて1960年代当初の原形をとどめないほどに様変わりしたように、MCMVの多くの新興住宅地では工事完了直後からインフォーマル化が始まった●5。歴史は繰り返されるのか、そしてまたしても郊外に、今度は100倍どころではない勢いでゲットーが増殖するのか。はたしてこうした変化に乏しい環境も、住民次第では[経済的に]持続可能で生活機能の豊富な人気の近隣に生まれ変わり、いずれは都市システムに溶け込んでいくのか。いったいどうしたら住宅供給を単なる資本主義市場本位の持ち家政策ではなく、社会的に多様な都市のいわば成長基盤ととらえることができるのか。

近隣住区の変容をセルフビルドや自己管理に任せられるか否かはともかく——MCMVの紋切り型の住宅地については、明らかにその都市計画と建築デザインを

●6 デヴィッド・ハーヴェイは都市社会学者ロバート・パークに従って、都市への権利を「心の欲するままに都市をつくり変え、つくり直す権利」と定義している。
参照：David Harvey. *Rebel Cities: From the Right to the City to the Urban Revolution.* (London: Verso Books, 2013), p.4.
［森田成也・大家定晴・中村好孝・新井大輔訳『反乱する都市 ── 資本のアーバナイゼーションと都市の再創造』作品社、2013］

見直す必要があるだろう。とりあえず政府が住宅供給面で目覚ましい成果を上げたからには、すぐにでもその住民には市内と市民社会へのアクセスを確保してやらねばならない。そうすれば市民権および共有資源の公平な分配を担保できるばかりか、都市のあらゆる側面に目が行き届くようになる――そうして地域社会の物理・経済・社会構造が整えられれば、今度はそこにふさわしい環境がつくられ、ひいては住民共通のニーズとその時々の願望に適した暮らしが営まれるようにもなるだろう[6]。

フォーマルとインフォーマルの融合

それではいったいどの都市モデルに従えばよいのか。ゼロからサステイナブルな都市をつくるには、いったいどんな語彙と文法が必要か。また、どうすればわずかな元手で都市の質を高め、ひいては社会の最低所得層にまずまずの住環境を提供できるか。

ジョン・ターナーは早くも1960年代に「ファベーラは問題というよりは答えである」と言って、都市開発の主導権がトップダウンとボトムアップに二極化している問題を指摘した。低所得層向けの住宅供給モデルを巡ってなされる巷の議論は、いまだにこの二項対立の図式にとらわれている。フォーマルな実践かインフォーマルな実践かの二者択一ではなく、むしろこれらを混合したハイブリッドな都市統治を実現するためのコンセプトなり戦略なりを立てるべきだろう。はたしてトップダウンとボトムアップの両組織間の利害の対立をどう調停するか。都市開発を持続可能なものにするにはどんな相互関係と連携が必要か。自治体や連邦政府の立てたフォーマルな計画のもとで民間による漸進的（インクリメンタル）な建設や占有を実施するには、どの手続きを制度化すればよいか。コミュニティによる自発的な建設活動をいったいどのようなかたちで手助けするか。そしてもう一点、大量住宅供給に携わる建築家と都市計画家は都市のインフォーマリティから何を学べるか。

もちろん当局の管理が行き届いていな

fig.4 単機能のベッドタウン型の住宅開発が行われた地域では、住民らが自宅をインフォーマルに増築し、そこで商売を営んで収入を得ている。© Rainer Hehl

い地域には極度の貧困から犯罪率の上昇に至るまで諸々の問題があって、都市計画局の職員はその対応に追われているが、その一方では「インフォーマル・シティ」が経済的・政治的な変化にうまく適応しながら、都市のインフォーマリティを一大現象に変え、都市環境を一変させたのは記憶に新しいところだ。「インフォーマル・シティ」は世界的なネットワークを通じて知識を共有したり経済交流をしながら、たえず変異を繰り返している。私たちが関連情報をかき集めている間にも、現地では状況が様変わりしている。住民の日々のニーズへの適応力をそなえていることが、立ち直りの早さ、しなやかさにつながっている。トップダウン式に計画も組織もされていないのに、[インフォーマル・シティは]何百万という住民を収容し、また人々を結束させて集団を組織するだけの生きる知恵を蓄積しているから、どんな都市問題が持ち上がっても住民一丸となってそれに立ち向かうことができるのだろう。インフォーマルな知識があると、コミュニティを構築するとか都市環境を共同で整備・管理するといった場面で大いに役立つ。ただし自己管理が一連の手続きや都市性能の一部として認められるには、これを公式の都市計画の枠組みや実践に組み込む必要がある。もしトップダウンとボトムアップの両方式をうまく融合させるような手がみつかれば、たとえば占有の手口であるとかインフォーマルにことを運ぶ知恵などを都市統治に有効活用できるかもしれないし、とすれば持続可能でクリエイティブな近隣がもっと増えてくるのだろう。

著者｜槇 文彦、ディエゴ・トーレス、ケース・ファン・ラウフン、北山 恒、
ジャン・フィリップ・ヴァッサル、塚本由晴、ロドリゴ・ペレス・デ・アルセ、乾 久美子、
ライナー・ヘール、寺田真理子、山道拓人、辻 琢磨、連 勇太朗

監修・企画｜横浜国立大学先端科学高等研究院「次世代居住都市」研究ユニット
北山 恒、小嶋一浩、寺田真理子、連 勇太朗

制作｜坂下加代子　　編集｜市川紘司

デザイン｜飯田将平　　協力｜総合資格学院

Creative Neighborhoods　　NDC518
——住環境が新しい社会をつくる

2017年4月12日　発行

編　者　横浜国立大学大学院／建築都市スクール“Y-GSA”

発行者　小川雄一

発行所　株式会社　誠文堂新光社
〒113-0033 東京都文京区本郷 3-3-11
（編集）電話 03-5800-5779
（販売）電話 03-5800-5780
http://www.seibundo-shinkosha.net/

印刷所　星野精版印刷　株式会社
株式会社　大熊整美堂（カバー）

製本所　和光堂　株式会社

ISBN978-4-416-91630-8